OVERSEAS PRACTICED CASE STUDY ON SHANGHAI ENGINEERING
CONSTRUCTION STANDARDS INTERNATIONALIZATION

上海工程建设标准国际化
海外实践案例研究

上海工程建设标准国际化促进中心
中国建筑第八工程局有限公司　　组织编写

中国建筑工业出版社

图书在版编目（CIP）数据

上海工程建设标准国际化海外实践案例研究 =
Overseas Practiced Case Study on Shanghai
Engineering Construction Standards
Internationalization / 上海工程建设标准国际化促进
中心，中国建筑第八工程局有限公司组织编写. —北京：
中国建筑工业出版社，2022.12
　　ISBN 978-7-112-28154-1

　　Ⅰ.①上… Ⅱ.①上… ②中… Ⅲ.①建筑工程—国
家标准—案例—上海 Ⅳ.①TU-65

中国版本图书馆CIP数据核字（2022）第214860号

　　2018年初，住房和城乡建设部将上海市列为工程建设标准国际化试点城市，鼓励上海利用自由贸易试验区的独特优势，先行先试。至今，上海建筑企业已在"一带一路"沿线国家完成了众多工程项目。本书主要介绍了上海建筑企业在"一带一路"沿线国家承建的大型实体优质项目，对在国际项目中的"中国标准应用的特点和亮点"等方面提炼总结，从标准走出去的关键因素、典型路径、内部优势和劣势、外部机会和威胁的视角，深入剖析项目技术特点和管理经验，让中国标准在为支撑中国企业拓展海外市场时发挥更重要作用，为工程建设企业"走出去"向更高水平迈进提供参考和借鉴。

　　（说明：本书所涉标准为工程期间的现行标准。）

责任编辑：王砾瑶
文字编辑：王　治
书籍设计：锋尚设计
责任校对：张辰双

上海工程建设标准国际化海外实践案例研究
Overseas Practiced Case Study on Shanghai Engineering
Construction Standards Internationalization
上海工程建设标准国际化促进中心
　　　　　　　　　　　　　　　组织编写
中国建筑第八工程局有限公司
*
中国建筑工业出版社出版、发行（北京海淀三里河路9号）
各地新华书店、建筑书店经销
北京锋尚制版有限公司制版
天津图文方嘉印刷有限公司印刷
*
开本：880毫米×1230毫米　1/16　印张：11　字数：224千字
2023年1月第一版　　2023年1月第一次印刷
定价：**160.00**元
ISBN 978-7-112-28154-1
　　（40180）

编纂（指导）委员会

主　　任：裴　晓

副 主 任：李永明　陈　雷　马　燕

委　　员：赵　峰　亓立刚　邓明胜　周静瑜　张　亮　时蓓玲

　　　　　张俊杰　郑志民　杨联萍　周　颖　庄尚波　吴晓宇

编写委员会

主　　编：李永明

副 主 编：亓立刚　邓明胜　姜　琦[1]

编　　委：（按姓氏笔画排序，排名不分先后）

　　　　　丁勇祥　王　飞　王　苹　王玉兰　王平山　王恒栋　叶现楼　田　伟

　　　　　白　洁　刘　春　刘永福　刘海峰　孙加齐　杨熊斌　沈才兴　宋合财

　　　　　苗艳遂　罗金洪　周　虹　姜　琦[2]　袁　晓　程大勇　魏永明

指 导 单 位：上海市住房和城乡建设管理委员会

　　　　　　上海市建筑建材业市场管理总站

主 编 单 位：上海工程建设标准国际化促进中心

　　　　　　中国建筑第八工程局有限公司

案例编写单位：中国建筑第八工程局有限公司

　　　　　　华东建筑集团股份有限公司

　　　　　　中交第三航务工程局有限公司

　　　　　　上海市政工程设计研究总院（集团）有限公司

　　　　　　上海建工集团股份有限公司

　　　　　　上海振华重工（集团）股份有限公司

　　　　　　中建三局上海有限公司

　　　　　　中铁上海设计院有限公司

1　作者单位：中国建筑第八工程局有限公司

2　作者单位：上海市政工程设计研究总院（集团）有限公司

序言
Preface

近年来，我国对外工程承包份额持续增长，特别是"一带一路"倡议提出以来，中国建筑业不仅为世界各国经济发展提供了良好机遇，也加速了我国在"一带一路"沿线国家对外工程承包的发展。据统计，我国近年来新签合同额最高达到2652.8亿美元，其中在"一带一路"沿线国家新签合同额达到1548.9亿美元，占最高合同额的59.5%，完成营业额占同期的56.7%，我国对外工程承包的良好局面初步形成。

面对我国对外工程承包的良好形势，如何进一步提高发展质量，充分认识标准国际化工作在经济全球化和市场一体化的推进中的重要作用，充分认识在国际工程承包中技术标准的选用对工程质量、施工组织、工程进度及工程造价的重大影响，继而采取切实措施，加速中国建设标准与国际标准融合，促使中国建筑业在国际建筑市场扮演重要角色，发挥重要作用，已经成为中国建筑业走出国门，做大做强中国对外工程承包的不二选择。应该看到，欧美等发达国家已经较早地建立了比较完善的国际标准制定、认定和实施的管理制度，在国际工程承包市场占有明显的话语权，而我国虽然在技术进步和工程实践中取得的成绩世人瞩目，建筑企业综合实力和技术能力持续增强，在许多方面具有领先的技术优势和全方位的工程实践，也建立了相对完善的国家工程建设标准体系，但在国家标准与国际标准的融合和互认方面的工作仍然相对滞后，中国标准的国际竞争力总体偏弱，导致我国标准在国际工程实施和应用中的许多困难，已经不同程度地制约了中国建筑业推动海外发展的进程，造成了中国建筑业拓展国际建筑市场的诸多障碍。

近几年，住房和城乡建设部组织开展了20余项中国工程建设标准国际化课题研究，形成的系列研究成果，为中国工程建设标准服务于"一带一路"建设提供了良好基础。近期行业协、学会与企业针对领域技术研究、标准成果和工程实践所开展的国际交流越来越频繁，已经日趋常态化和制度化。企业间基于工程项目、设备产品配套、具体标准研编和实施等方面的合作成效显著，特别在中国工程建设标准的国际交流、工程推广应用、设备与建材出口、"一带一路"建设和工程建设标准国际化合作等方面有了明显的进步，国际合作逐步得到了加强。此外，行业协、学会组织会同企业进行具体专业领域的标准比对与跟踪研究，在中外标准基本要素规范、编制思路、关键技术指标的对比方面形成了较为丰富的研究成果。国内企事业单位在国际标准化动态的跟踪研究、国际标准转化、国家标准互认等方面开展了大量工作、在国家标准转化为国际标准方面积累了一定经验，主导制定的国际标准数量逐年增加，在主导和参与国际标准制定方面取得了明显突破。

工程实践和技术研究表明，中国工程建设标准体系是中国城乡建设改革开放经验的智慧结晶，具有系统性、地域性和可实施性的鲜明特征，在推进中国标准国际化方面走整体照搬的路子难以实现，应该因地制宜，走合作融合之路。可以尝试：（1）根据特定国家或地区需要，以工程为载体，选取针对性强的国内标准先行实施，在实施的基础上改进、培育和提高，最终形成国际通用标准；（2）针对绿色建造、装配式建造、智能建造城市更新、新基建等领域的技术发展方向，围绕"急难特新"技术，加强科技研发，研编相应标准，填补国际标准的空白领域；（3）利用全链条服务优势，探索、研编和输出设计、施工、检测、监测和运维服务一体化的系列标准配套体系，实现国际建造的"一揽子"服务的高质量发展。

上海市建设主管部门非常重视中国标准的国际化推进工作，指认上海工程建设标准国际化促进中心与长期耕耘于海外市场的中国建筑第八工程局有限公司、华东建筑集团股份有限公司等近十家建筑企业编著的《上海工程建设标准国际化海外实践案例研究》一书即将出版，这是上海建设行业对几十年海外经营的系统总结，也是对工程建设标准国际化进行探索的一部专业书籍。该书编著者针对中国工程建设标准在海外工程应用的特点，分析了中国企业使用国外技术标准与中国技术标准在海外项目推广应用所面临的问题，为工程建设标准国际化研究提供了实证支持。该书共分四篇，内容涵盖三大部分。第一部分简述了中国对外承包工程业务的发展历程，分析了对外承包业务的发展机遇和挑战；第二部分研究了中国工程建设标准在海外的实践应用情况；第三部分主要介绍了我国工程建设标准海外应用的各类工程案例和工程项目的实施情况。应该说该书涉及的内容相当集中，发声于国际承包工程项目的一线，实践性很强。该书的出版发行，有助于中国对外承包企业了解建筑市场的国际规则，解决国际工程项目实施的技术标准瓶颈问题，有助于提高境外工程项目的履约能力，必将促进中国标准的国际化融合，促进中国建筑业海外工程承包业务的高质量发展。

中国工程院院士　　　　　中国工程院院士 吕西林

2022年12月

前言
Foreword

2018年初，住房和城乡建设部将上海市列为工程建设标准国际化试点城市，鼓励上海利用自由贸易试验区的独特优势，先行先试。至今，上海在推进工程建设标准化工作上已经迈出了坚实的步伐。上海市住房和城乡建设管理委员会发布了《上海市推进工程建设标准国际化工作方案》和《上海市推进工程建设标准国际化三年行动计划（2020—2022）》，按照"政府推动、企业主导"原则，指导中国建筑第八工程局有限公司牵头组建"上海工程建设标准国际化促进中心"（下文简称"促进中心"），致力于搭建本市工程建设标准国际化工作的实体化运作平台。促进中心吸纳了15家成员单位，以在沪国有骨干企业（央企）、高等院校为主，这些成员单位具有丰富的海外工程建设项目经验，并在科研、技术、人才、资金、标准化工作等方面具备较强的综合实力。

2020年以来，促进中心开展上海工程建设标准国际化"实践优秀案例"征集工作，以上海市建筑行业领军企业为主要对象，征集工程建设领域采用中国标准建成的、在国际上具有一定影响力、当地有一定代表性的国（境）外工程项目，包含"一带一路"沿线国家援建的大型实体优质项目。通过组织上海工程建设标准国际化"优秀实践案例"评选，从项目工程概况、中国标准应用情况、标准应用特点及亮点、工程获奖情况及效益、经验及启示五个方面，最终评选出上海工程建设标准国际化"最佳实践案例"7项和"优秀实践案例"13项，涉及超高层综合体、大型体育场馆、机场、会议中心、市政供水、港口码头、公路铁路等领域。

2021年11月，由上海市住房和城乡建设管理委员会、上海市市场监督管理局联合主办，促进中心承办的2021年首届工程建设标准国际化论坛在上海国际会议中心举行。住房和城乡建设部标准定额司副司长王玮、上海市住房和城乡建设管理委员会副主任裴晓、上海市市场监督管理局副局长朱明出席论坛并致辞，中建八局党委书记、董事长、促进中心理事长李永明作上海工程建设标准国际化工作介绍，论坛由上海市勘察设计标准化专业技术委员会主任杨联萍主持。本次论坛设置了"优秀案例展示区"，对上海工程建设标准国际化"最佳实践案例""优秀实践案例"进行了展示，受到了参会者的好评。论坛上，王玮副司长、裴晓副主任、朱明副局长为7个"最佳实践案例"项目和13个"优秀实践案例"项目代表颁奖。

本书详细介绍了获得2021年上海工程建设标准国际化7个"最佳实践案例"项目和13个"优秀实践案例"项目，并从"中国标准的应用情况""中国标准应用的特点和亮点"等方面提炼总结，从标准走出去的关键因素、典型路径、内部优势和劣势、外部机会和威胁的视角，深入剖析项目技术特点和管理经验，让中国标准在为支撑中国企业拓展海外市场中发挥更重要作用，为工程建设企业"走出去"向更高水平迈进提供参考和借鉴。

上海工程建设标准国际化海外实践案例研究项目组

2022年11月

目录
Contents

基础篇

第1章　我国对外承包工程业务发展概述　　3

　1.1　我国对外承包工程业务发展历程　　3

　1.2　上海对外承包工程业务发展历程　　9

　1.3　我国对外承包工程业务发展的机遇与挑战　　13

第2章　中国工程建设标准海外实践应用情况分析　　16

　2.1　中国工程建设标准体系概述　　16

　2.2　中国工程建设标准在对外承包工程中应用情况分析　　19

　2.3　中国工程建设标准海外推广应用的建议　　20

房屋建筑篇

第3章　超高层建筑　　25

　3.1　实践案例——埃及新首都中央商务区（一期）项目　　25

　3.2　实践案例——越南胡志明市Alpha Town办公楼项目　　34

第4章　公共文化建筑　　43

　4.1　实践案例——援柬埔寨国家体育场项目　　43

　4.2　实践案例——援加蓬体育场项目　　50

4.3 实践案例——援赞比亚国际会议中心项目   55

4.4 实践案例——马达加斯加国家体育场改扩建项目   60

4.5 实践案例——援突尼斯外交培训学院项目   63

4.6 实践案例——印象马六甲歌剧院项目   68

4.7 实践案例——援巴基斯坦巴中友谊中心项目   73

交通运输建设篇

第5章 机场项目   79

5.1 实践案例——泰国素万那普机场发展项目   79

5.2 实践案例——萨摩亚法莱奥洛国际机场升级改造项目   84

第6章 公路铁路   96

6.1 实践案例——莫桑比克N6国道改扩建工程   96

6.2 实践案例——安哥拉本格拉铁路修复改造工程   104

6.3 实践案例——柬埔寨金边市第三环线（NR4~NR1）项目   113

第7章 港口码头   124

7.1 实践案例——中缅原油管道码头工程   124

7.2 实践案例——新加坡国际港务集团大士自动化码头20台
双小车岸桥出口项目   130

市政水务与工业建筑篇

第8章　市政水务项目　141

　8.1　实践案例——乌兰巴托新建中央污水处理厂项目　141

　8.2　实践案例——肯尼亚Karimenu Ⅱ大坝供水工程　147

　8.3　实践案例——赞比亚卡夫河供水项目　153

第9章　工业建筑项目　158

　实践案例——马来西亚巴林基安2×300MW燃煤电站　158

参考文献　163

基础篇

第1章 我国对外承包工程业务发展概述

对外承包工程是指中国的企业或者其他单位承包境外建设工程项目的活动。作为高质量共建"一带一路"的可视性成果,对外承包工程涉及境外工程投融资、设计咨询、设备采购、建设施工、运营管理等方面,对带动中国产品技术服务"走出去"和深化国际产能合作、促进国内经济转型升级、实现中国与相关国家共赢发展发挥了重要作用。[1]

1.1 我国对外承包工程业务发展历程

中国对外承包工程业务自1979年拉开序幕以来,经过40多年取得了长足的发展,已成为中国企业"走出去"参与高质量共建"一带一路"和国际经济合作的重要方式。我国对外承包工程业务的发展历程主要分为四个阶段。[1]

1.1.1 第一阶段(1979~1991年)

20世纪70年代后期,世界经济形势稳定,经济发展使发展中国家也具备了进行多种形式国际经济合作的条件。1984年,中国公路桥梁工程公司承揽建造的伊拉克摩苏尔四桥项目竣工,工程造价金额约3000万美元,是当时我国对外签订的最大工程承包项目,如图1-1所示。此阶段,我国对外承包工程业务的开展,为国家赚取了宝贵的外汇,带

图1-1 伊拉克摩苏尔四桥项目

---

1 引自《2020年度中国对外承包工程统计公报》(中华人民共和国商务部)。

动了国内货物出口，企业学习了国外先进技术和管理经验，提升了国内建筑业水平。

据统计，1991年经原外经贸部批准从事对外承包工程业务的91家中国企业，当年在全球208个国家（地区）签订对外承包工程合同1171份，总金额25.2亿美元，其中合同额超过5000万美元的国家（地区）有7个，分别是中国香港、巴基斯坦、中国澳门、津巴布韦、印度尼西亚、博茨瓦纳、阿尔及利亚。当年完成营业额19.7亿美元，年末在外承包工程人员2.2万人。

1.1.2 第二阶段（1992~2003年）

1992年，中国改革开放进入提速期，对外承包工程企业进一步解放思想，加快改革开放步伐，抓住时机调整经营布局。2000年，党的十五届五中全会正式提出实施"走出去"的开放战略，为中国对外承包工程业务发展提供了战略层面支撑。同年，国务院办公厅印发《国务院办公厅转发外经贸部等部门关于大力发展对外承包工程意见的通知》（国办发〔2000〕32号），明确发展对外承包工程是贯彻落实"走出去"战略的重要举措，为政府部门和金融机构等各方更好地支持业务发展提供了政策依据，并对中国对外承包工程业务此后的发展产生了深远影响。2001年，中国加入世贸组织为企业更好地融入世界经济，提升国际化经营能力和水平创造了有利条件。

2003年，中国对外承包工程业务涉及国别（地区）拓展至159个，较1992年增加48个，特别是在开拓欧洲、北美洲等发达国家市场取得积极进展，合同额分别占到业务规模的10.3%和2.0%。2003年，具有对外承包工程经营权的企业数量超过1500家，当年对外新签合同额、完成营业额分别为176.7亿美元、138.4亿美元，新签上亿美元的对外承包工程项目达到18个。2003年，入围美国《工程新闻纪录》（ENR）全球最大225家国际承包商的中国内地企业数量由1992年的5家增至43家。美国标准普尔有关数据显示，2003年国际工程承包市场规模约1.2万亿美元，中国企业业务规模仅占全球份额的1.5%。

此阶段，中国企业在普通房建、交通运输、水利电力等领域的专业优势和国际竞争力日益增强。苏丹麦洛维大坝主体工程由中国三峡集团中国水利电力对外公司作为牵头公司和中国水利水电建设集团公司组成的联营体承建，于2003年6月正式开工，2010年4月竣工投产，项目总金额达6.03亿欧元（折合人民币约60亿元），是当时中国公司承接规模最大的海外承包工程建设项目，如图1-2所示。[1]

此时，中国企业承揽项目的主要方式仍为传统承包（即与业主签订的仅是项目施工合同），但随着"走出去"实力的不断提升，积极探索新的承包模式成为业务发展的亮点和增长点。2001年中国电力技术进出口公司承揽的柬埔寨基里隆I级水电站修复项目合同金额1943万美元（经营期30年），是中国企业首个以BOT方式承揽的境外工程项目。2003年，中国化学集团公司下属成达工程公司承揽的印度尼西亚巨港电站项目（经营期

（a）项目远景

（b）苏丹百姓载歌载舞庆祝麦洛维电站发电

图1-2 苏丹麦洛维大坝工程项目

麦洛维大坝位于苏丹首都喀土穆以北约350km的北方省，总长9.65km，高67m，主坝由面板堆石坝、黏土心墙坝和混凝土重力坝三种坝型组成。这项工程是继埃及阿斯旺大坝后在尼罗河干流上兴建的第二座大型水电站，也是世界上最长的大坝，堪称苏丹的"三峡工程"。麦洛维大坝工程集发电和灌溉于一体。大坝电站的总装机容量为125万kW，比此前苏丹全国总发电量60万kW多一倍。其上游人工水库库容达124亿m³，在大坝水库沿岸400km范围内，100多万亩良田将形成自流灌溉，400多万苏丹人的生产和生活水平将因此得到提高。麦洛维大坝的顺利完成，使苏丹尼罗河两岸的生态环境大大改善，呈网状分布的水渠将给撒哈拉沙漠带去宝贵的水源和新的生机，更重要的是将帮助苏丹摆脱贫困，使经济走上良性发展的道路，带给苏丹一片光明。[1]

20年），是首个以BOOT方式承包的工程项目[2]。中国寰球工程公司签订的越南海防磷酸二铵项目管理承包合同，内容包括项目基础设计、编制招标文件、确定评估标准、选择总承包商等，并对项目进行全过程管理，这是中国企业在海外签订的首例PMC合同。

柬埔寨基里隆Ⅰ级水电站位于柬埔寨金边西南110km处的国家4号公路附近，1968年由南斯拉夫政府出资援建，1970年后被战争破坏。该电站水库总库容919万m³，装机容量1.2万kW，年发电量6419万kW·h。总投资1942.86万美元，全部由中国电力技术进出口公司投入，项目主要工程是修复电站进水口和局部压力钢管，重建厂房，建造一条从基里隆水电站到金边约120km长的115kW输电线路。根据"购电协议"，柬埔寨方面将购买基里隆水电站生产的电力。经营期30年，期满后无偿移交柬埔寨政府。工程于2001年4月开工，2002年5月竣工，投入商业运行，如图1-3所示。[1]

图1-3 柬埔寨基里隆Ⅰ级水电站修复项目

---

1 引自百度百科。

1.1.3 第三阶段（2004~2017年）

全球建筑工程市场资金投入呈快速增长趋势，国际承包商并购重组活动频繁，承包方式发生深刻变革，传统承包方式快速向总承包方式转变，EPC、PMC等一揽子的交钥匙工程模式以及BOT、PPP等带资承包方式在国际工程承包市场普遍流行，承包商融资能力不断加强。2004年，中国对外承包工程新签合同额首次突破200亿美元大关，此后直至2017年，对外承包工程业务发展步入快速增长期。2017年，中国企业新签对外承包工程合同22774份，合同额2652.8亿美元，是2004年的11倍，达到历史峰值；完成营业额1685.9亿美元，是2004年的9.7倍。

此时，我国对外承包工程大项目持续增多，承包方式不断创新。从新签上亿美元的项目数量看，由2004年的30个增至2017年的436个，单项最大合同金额由8.36亿美元升至109.8亿美元。大项目增多促使承包模式转变，EPC、EPC+F、PMC、BOT、BOOT、BOO、PPP等多种承包方式成为主旋律。我国对外承包工程业务集中在亚洲、非洲市场，半数聚焦"一带一路"沿线国家。中国企业以推动非洲工业化进程为切入点，积极参与当地高速公路、铁路、港口、机场、物流枢纽中心等基础设施建设。2008~2017年，非洲地区成为中国对外承包工程第二大市场，平均占比达到34%，与亚洲（占比48%）共同成为对外承包工程业务最集中的地区。2017年，中国企业在"一带一路"沿线的61个国家新签承包工程项目合同7217份，合计金额1443.2亿美元，占当年新签合同总额的54.4%，完成营业额855.3亿美元，占50.7%。为推进"一带一路"建设，促进基础设施建设和互联互通作出了重要贡献，如图1-4所示。

在此阶段，中国企业国际竞争力不断提升。2018年，美国《工程新闻纪录》（ENR）

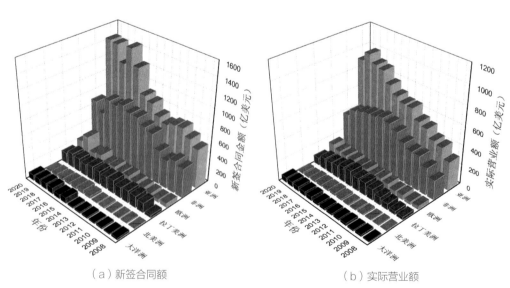

（a）新签合同额　　　　　　　　（b）实际营业额

图1-4　中国对外承包工程分洲统计数据（2008~2020年）

（数据来源：《2020年度中国对外承包工程统计公报》）

发布"全球最大250家国际承包商"（按2017年国际营业额）排名中，有69家中国企业进入榜单，国际业务营业额1141亿美元，占上榜企业的23.7%，并在交通运输、石油化工、一般建筑、电力工程等重点行业表现不俗。入围中国企业中，中国交通建设股份有限公司以231亿美元位居第三，中国建筑股份有限公司以139.7亿美元位列第八、中国电力建设股份有限公司以122.4亿美元位列第十。

1.1.4 第四阶段（2018年至今）

2018年，全球货物贸易增速放缓，外国直接投资连续三年下降。中国对外承包工程主要市场区域经济低迷，国际石油价格持续走低，部分财政高度依赖石油的国家收入严重减少，基础设施投资锐减，石油化工领域项目建设放缓。当年对外承包工程业务新签合同额2418亿美元，同比下降8.8%；完成营业额1690.4亿美元，同比增长0.3%。新签合同额自1993年以来首次出现负增长，营业额增速创近年来最低。与此同时，随着共建"一带一路"向高质量发展方向不断推进，对外承包工程业务面临发展方式创新、业务转型升级等重大挑战。为此，2019年，商务部等19部门印发了《商务部等19部门关于促进对外承包工程高质量发展的指导意见》（商合发〔2019〕273号），明确对外承包工程高质量发展的重要意义、主要目标和任务，通过更紧密的部门间横向协作，共同完善促进、服务和保障等方面措施，推动对外承包工程持续健康发展，更好地服务国家经济社会发展和对外开放大局，有效促进项目所在地和世界经济发展。

2020年是我国极不平凡的一年，面对严峻复杂的国际形势、艰巨繁重的国内改革发展稳定任务，特别是新冠病毒疫情的严重冲击，商务部等有关部门按照党中央、国务院决策部署，紧密围绕构建新发展格局，统筹推进境外企业项目人员疫情防控和对外投资合作改革发展，推动对外承包工程业务实现平稳发展。

商务部统计显示，2020年，中国企业共在184个国家（地区）开展对外承包工程业务，当年签订合同9933份，合同额2555.4亿美元，同比下降1.8%；完成营业额1559.4亿美元，同比下降9.8%。对外承包工程完成营业额前十的国家（地区）是：阿拉伯联合酋长国、中国香港、巴基斯坦、印度尼西亚、马来西亚、沙特阿拉伯、孟加拉国、阿尔及利亚、俄罗斯联邦、澳大利亚。中国企业在"一带一路"沿线的61个国家新签对外承包工程项目合同5611份，新签合同额1414.6亿美元，占同期中国对外承包工程新签合同总额的55.4%，同比下降8.7%；完成营业额911.2亿美元，占同期总额的58.4%，同比下降7%。

2020年，有1067家中国企业的对外承包工程活动纳入商务部统计，其中在京中央企业（包括在京下属企业）89家，占8.3%；地方企业（包括在地方的中央企业）978家，占91.7%。大型骨干企业在对外承包工程业务中作用突出。2020年，有74家中国企业入围美国《工程新闻纪录》（ENR）"全球最大250家国际承包商"，占29.6%。其中中国交通建设集团有限公司、中国电力建设集团有限公司、中国建筑股份有限公司进入10强榜单。

中国对外承包工程业务统计数据见图1-5。现阶段我国建筑行业对外工程总承包业务上取得较好成绩，大型对外承包工程项目数量持续增加，主要业务集中在铁路、公路、电力、房屋建筑、通信工程等领域，如图1-6所示。从市场发展情况来看，传统的亚洲、非洲市场仍然是中国对外承包工程业务的主要市场，同时中国企业正不断加大对新市场的开发力度，在欧洲、拉丁美洲、北美洲、大洋洲市场的业务均取得较大突破。

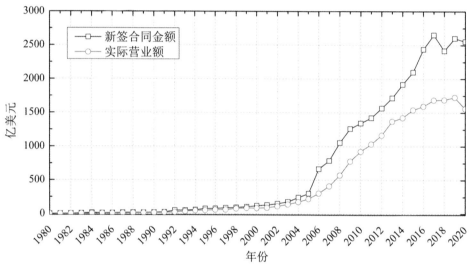

图1-5　中国对外承包工程业务统计数据（1980~2020年）
（数据来源：《2020年度中国对外承包工程统计公报》）

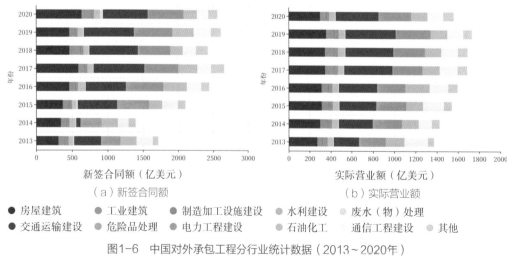

图1-6　中国对外承包工程分行业统计数据（2013~2020年）
（数据来源：《2020年度中国对外承包工程统计公报》）

1.2 上海对外承包工程业务发展历程

上海对外承包工程业务发展趋势与全国整体发展趋势基本契合，如图1-7所示，在"四个阶段"的发展情况如下：

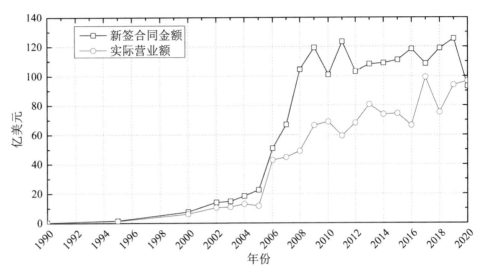

图1-7 上海对外承包工程业务统计数据（1990~2020年）

1.2.1 第一阶段（1979~1991年）

改革开放前，上海对外经济合作主要以援助形式为主。20世纪80年代以来，尤其是1984年上海对外经济技术合作公司成立后，上海积极响应国家战略，经济循环从主要依靠国内资源和市场，开始转向依靠国内外两个市场、两种资源。1983年上海签订的对外承包工程和劳务合作项目只有4个，合同金额仅46万美元。[3]

1.2.2 第二阶段（1992~2003年）

随着我国改革开放的进一步深入，上海积极响应国家"走出去"开放战略，加快推进对外投资合作。上海"走出去"业务以对外投资、境外承包工程和劳务合作项目为主。至2003年，上海实施"走出去"战略已取得了较好成绩，对外经济合作持续稳步增长，上海对外承包工程向多元化市场发展。

2003年，新签订对外承包工程和劳务合作合同928项，比上年增长15.7%，合同金额16.64亿美元，增长7.9%；实际完成营业额13.26亿美元，增长4.9%；涉及房屋建筑、加工制造、交通运输、电子通信、石油化工和环保等领域。至2003年末，上海对外承包工程和劳务合作涉及的国家和地区已达120个。[4]

此阶段，上海对外承包工程出现了以亚洲、国内为主并向欧洲、非洲市场拓展的局面。拓展非洲市场已成为上海企业追求目标，如2003年，上海贝尔有限公司在尼日利亚承包的政府通信项目，合同金额高达9697万美元。对欧美等发达国家市场的开拓有了明显突破，对外承包工程项目规模也在不断增大。

上海为谋求更多国际、国内对外承包工程市场份额，在加大资金、技术投入的同时，积极调整产业结构，扩大其队伍，对外承包工程行业领域进一步扩大。上海对外承包工程行业领域涉及房屋建筑业、加工制造业、交通运输业、电子通信、石油化工和环保业等领域，技术层次进一步提高。代表项目包括上海振华港口机械（集团）股份有限公司承包美国弗吉尼亚港岸桥工程，合同额4600万美元；中国上海外经（集团）有限公司承包玻利维亚的阳光电力工程、伊朗的炼油厂改造工程项目和德黑兰北部高速公路工程项目，合同额分别为3206万美元、4000万美元和2.15亿美元。[5]

1.2.3 第三阶段（2004～2017年）

上海企业加快实施"走出去"战略，对外投资、工程承包和劳务合作在参与国际合作中不断提高竞争力。2004年，批准对外投资项目91个，投资总额3.28亿美元。新签订对外承包工程和劳务合作合同1076项，比上年增长15.9%；合同金额20.1亿美元，增长20.8%；实际完成营业额14.96亿美元，增长12.8%；派出劳务人员1.28万人次，增长0.6%。至2004年末，上海对外承包工程和劳务合作涉及的国家和地区已达133个。[6]

2008年以来，上海每年签订的对外承包工程合同金额均超过100亿美元。2013年上海自贸试验区在全国率先实施境外投资管理备案制，更加充分激发了市场主体活力，5年间上海累计实施对外直接投资达到672亿美元，是过去历年总额的2.3倍，一跃成为我国对外直接投资规模最大的省市，"走出去"网络遍布全球178个国家和地区。从对外投资内容看，上海对外承包工程范围从初期的普通建房、筑路项目，发展到技术性较强的工业、农业、能源和基础设施项目，以及隧道、电信、地铁等高技术项目，再发展到如今的国际产能合作和装备制造"走出去"，上海着力打造市场主体"走出去"的桥头堡。

2014年，上海深入改革对外投资管理体制，努力创新公共服务机制，牢固确立企业对外投资主体地位，大力推进对外投资便利化，为国有企业"走出去"松绑，为民营企业"走出去"加油，充分激发市场主体活力，上海企业境外投资呈现"井喷式"增长，全年对外投资超百亿美元，比上年增长1.85倍，对外承包工程新签合同额继续超百亿美元，实现双双破百亿美元的历史性突破。

2014年，上海企业对外承包工程新签合同额108.5亿美元，连续第七年超过100亿美元，名列全国各省市第三位，继续保持稳定增长，完成营业额74亿美元，名列全国各省市第四位，继续保持业务增长规模，如图1-8所示。在电力工程、制造加工、港口基础设施、石油化工等工程建设领域取得不俗成绩，新承揽5000万美元以上项目35个，合同

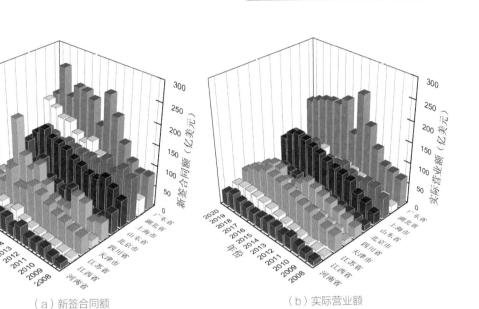

（a）新签合同额　　　　　　　　（b）实际营业额

图1-8　中国对外承包工程分省市统计数据（2008~2020年）

（数据来源：《2020年度中国对外承包工程统计公报》）

额68.9亿美元，贡献率达84.5%。[7]

2016年，上海新签对外承包工程合同额118.45亿美元，比上年增长6.7%。从市场分布来看，主要集中在亚洲和非洲等发展中国家，主要以埃及、印度尼西亚、菲律宾等国为主。亚洲地区合同额为63.91亿美元，占总额的54%；非洲地区合同额为31.21亿美元，占总额的26.4%；拉丁美洲地区合同额为13.94亿美元，占总额的11.8%。从行业分布看，主要集中在电力工程建设、房屋建筑业和交通运输业。新签合同额按行业分布分别为电力工程建设40.28亿美元，占总额的34%；房屋建筑项目18.71亿美元，占总额的15.8%；交通运输建设15.56亿美元，占总额的13.1%；制造加工设施建设13.72亿美元，占总额的11.6%。从项目规模看，大中型项目占比超过七成。新签合同额超5000万美元的大中型项目33个，合同总额为93.27亿美元，占全市合同总额的78.7%。[8]

在此时期，对外承包工程海外承揽工程项目主体仍然以大中型国有企业为主、其他企业为辅的模式，代表项目包括上海电力建设有限责任公司11.2亿美元承接菲律宾马力万斯2×660MW燃煤电站项目；中国建材国际工程集团有限公司5.9亿美元在土耳其承接MERSIN水泥项目；中建港务建设有限公司4.2亿美元在吉布提承接多哈雷多用途码头一期工程项目等。[9]上海企业在"一带一路"沿线国家承接项目大幅增长。2016年，上海企业在"一带一路"沿线国家新签对外承包工程合同额89.15亿美元，比上年增长66.5%，占全市总额的75.3%。

1.2.4 第四阶段（2018年至今）

2018年上海对外投资合作工作迈上新台阶，上海对外承包工程业务不断创新。上海市外经工作紧紧围绕国家"走出去"要求和"一带一路"倡议，不断完善对外投资合作体制机制，推动重大项目实施，规范经营秩序，加强安全风险防范，对外投资合作持续平稳健康发展。

2018年，上海新签对外承包工程合同额119亿美元，同比增长9.6%，完成营业额75.4亿美元，同比下降24.1%。从市场分布看，亚洲地区新签合同额为81亿美元，占总额的68.1%；非洲地区新签合同额为4亿美元，占总额的3.4%；欧洲地区新签合同额为11.1亿美元，占总额的9.4%；拉美洲地区新签合同额为15.5亿美元，占总额的13%；北美洲地区新签合同额为6.4亿美元，占总额的5.4%。从行业分布看，主要集中在电力工程建设、制造加工设施建设、石油化工项目。电力工程建设项目45.5亿美元，占总额的38.3%；制造加工设施建设项目25.3亿美元，占总额的21.3%；工业建设项目12.3亿美元，占总额的10.4%；交通运输建设项目8.9亿美元，占总额的7.5%；通信工程建设项目2.1亿美元，占总额的1.7%；石油化工项目13.4亿美元，占总额的11.3%；一般建筑项目5.7亿美元，占总额的4.8%；其他项目5.5亿美元，占总额的4.6%。从项目规模上看，大中型项目新签合同额占比较高。新签合同额超5000万美元的大中型项目38个，合同总额为92.5亿美元，占全市合同总额的77.7%。新签合同额从企业性质看，以国有企业为主，国有企业新签合同额94.9亿美元，同比增长17.9%，占全市总额的79.8%；民营企业新签合同额14.9亿美元，同比增长71.6%，占全市总额的12.6%；外资企业新签合同额9.1亿美元，同比下降52.7%，占全市总额的7.7%。

2018年境外工程承包量质齐升。上海企业在"一带一路"沿线国家新签对外承包工程合同额72.5亿美元，占全市新签合同额的66.8%；完成营业额60.5亿美元，同比增长51.5%，占全市完成营业额的61.0%。对沿线国家投资合作持续深化，聚焦重点项目，打造和推动一批具有影响力和带动力的功能性平台和标志性项目。企业主要在马来西亚、印度尼西亚和缅甸等东盟地区扎实推进境外投资发展。对外投资亮点频现，如上港集团投资2亿美元获25年以色列海法新港特许经营权，拟将其打造成地中海枢纽港。[10]由上海企业投资建设的国家级境外经贸合作区印尼青山产业园，园区及入园企业已完成总投资额42亿美元，园区累计总产值约73亿美元，带动当地就业逾2.8万人，为当地创造税收约4亿美元。上海电气签约迪拜700MW光热电站工程总承包项目，投资金额为38.6亿美元，将建设世界上单体容量最大，技术最先进的光热电站，如图1-9所示。

在新冠病毒疫情的严重冲击下，2019年，新签对外承包工程合同金额125.44亿美元，增长5.4%；实际完成营业额94.01亿美元，增长24.7%。2020年，新签对外承包工程合同金额93.13亿美元，下降25.8%；完成营业额96.71亿美元，增长2.9%。2021年，新签对外承包工程合同金额79.24亿美元，下降14.9%；完成营业额103.78亿美元，增长7.3%。[11]

（a）合同上海签约仪式　　　　　　　　　　（b）项目效果图

图1-9　迪拜700MW光热电站工程总包项目

　　穆罕默德·本·拉希德·阿勒马克图姆太阳能园区是基于IPP（独立电力生产商）模式开发建设的全球大型战略性可再生能源项目之一，整个太阳能产业园总装机规模将在2030年达到3000MW，总投资为500亿阿联酋迪拉姆（约合920亿元人民币），其中光热发电装机规模达到1000MW。2020年迪拜世界博览会采用该太阳能园区作为供电来源之一，该园区将为迪拜世博会供应464MW电力，使迪拜世博会成为首个完全采用清洁能源供电的世博会。

1.3 我国对外承包工程业务发展的机遇与挑战

　　"十三五"期间，我国已成为世界上主要的对外承包工程国家，拥有2000多家"走出去"的工程承包企业，业务规模平稳有序发展。"十三五"期间，中国工程承包企业在"一带一路"沿线国家累计完成新签合同额6924.8亿美元，占累计对外承包工程新签合同额（12668.8亿美元）的54.7%；累计完成营业额4399.3亿美元，占累计对外承包工程营业额（8258.9亿美元）的53.3%。与此同时，中国对外承包工程企业也在加速进军全球基建市场。以2020年"十三五"末与2015年"十二五"末对外承包工程规模对比，"一带一路"沿线国家新签合同额增长488.2亿美元，复合增长率为7.3%；营业额增长218.6亿美元，复合增长率为4.7%。[12]"十三五"期间，中国对外承包工程行业的规模不断扩大，经济效益和社会效益得到明显提升，为"一带一路"发展奠定了良好的基础。

　　"十四五"以及更远的将来，面对环境的不确定性，我国对外承包工程企业应充分分析和研判业务发展所面临的发展机遇和挑战，以"高质量发展"为任务目标，紧抓"一带一路"发展契机，调整全球资源的分配，增强资源整合能力，从规划、设计、融资、建设、运营为业主提供全产业链的服务，实现高质量、可持续发展。

1.3.1 发展机遇

　　国内政策支持下我国企业对外承包工程服务能力日益增强。近年来，国内相关政策为对外承包工程业务发展营造了更好的发展环境。2019年8月30日，商务部等19部门联合印发了《商务部等19部门关于促进对外承包工程高质量发展的指导意见》(商合发〔2019〕273号),明确对外承包工程高质量发展的重要意义、主要目标和任务,通过更紧密的部门间横向协作,共同完善促进、服务、监管和保障等各方面措施,推动对外承包工程持续健康发展,有效促进项目所在国和世界经济发展。

此外,我国企业在基础设施建设、设计咨询、装备制造等方面竞争优势日益显著,中国资本、中国装备、中国技术、中国建设越来越受到国际社会的广泛认可,在交通工程(包括高铁、铁路、公路、港口、桥梁、机场等)、电力工程、房屋建筑(超高层建筑)等合作领域,得到了业主和各合作方的认可,业务份额不断提升,国际竞争力不断加强。当前对外承包工程业务模式不断创新,业务布局和结构日益优化,为行业开辟了新的发展空间。企业积极开展投资类业务,探索投建营一体化、综合开发类等业务,BT、BOT、PPP等业务模式取得实质性进展,拓展高端市场和高附加值项目初有成效,业务发展质量逐步提高。承包工程的产业链不断延伸,向设计咨询、运营维护管理等高附加值领域拓展。

后疫情时代国际基础设施建设发展将迎来更多的机遇。随着新兴经济体和发展中国家人口增长和城市化建设加快,新建基础设施建设缺口大;发达国家基础设施老旧,普遍存在更新升级的需求。通过改善基础设施来拉动经济发展已经成为各国政府的共识。从国际基础设施建设市场的中长期需求来看,基础设施建设始终是推动各国经济发展的重要引擎,国际基础设施建设需求依旧较大。后疫情时代,各国或将出台刺激经济政策,减弱疫情对经济发展和社会治理所产生的冲击,大力改善民生,优化投资和营商环境,拉动经济发展,基础设施建设发展将迎来更多的机遇。

目前,国际基础设施建设也呈现出一些方向和变化:一是基础设施建设日益由政府主导向商业主导转变,对企业投资建设需求加大。二是桥梁、隧道、公路、铁路、港口、机场等互联互通基础设施,电力网络、水利建设、房屋建筑、公共设施等民生工程建设在相当长的一段时间内仍将是各国建设的重点。三是各国政府和民众对工程项目高科技、智能化要求逐步提高,民众的环境保护意识不断提升,高科技、智能化、环保型建筑或成为新的业务增长点。四是随着技术不断创新,互联网、3D打印、物联网、虚拟现实、人工智能等将成为影响未来基础设施建设发展的主要技术。

此外,对石油和大宗产品依赖度较高的国家也将更加重视调整经济结构,注重经济多元化发展,工业建设和各类园区开发也将成为发展的关注重点。随着"一带一路"倡议走深走实,沿线国家进一步推动工业化发展和能源结构变化,消除物流瓶颈,降低交易成本,完善跨境基础设施,逐步形成"一带一路"交通运输网络,为各国经济发展、货物和人员往来提供便利。[1]

---

1 引自《中国对外承包工程发展报告2019—2020》(中华人民共和国商务部,中国对外承包工程商会)。

1.3.2 面临的挑战[1]

新冠病毒疫情的影响可能将长期持续，国际范围内疫情防控呈常态化发展，国际基建市场各类挑战和风险显著增加。 新冠病毒疫情带来了全球严重的经济衰退，促使产业链回归和完善。在目前疫情持续发展并未得到有效控制的同时，超过75%的国家迫于经济停滞的压力正在重新启动经济，一些国家已开始缓慢复苏，但复苏程度存在不确定性和不均衡性。各国在世界范围内的产业布局会趋于分散，尽量把产业链分布在不同国家。无论是发展中国家还是发达国家，事关生命健康安全的产业将会回归；发展中国家也会迎来新一轮产业链和供应链的完善或扩增。

国际承包工程业务正朝着大型化、复杂化的方向发展，国际市场对承包商提出了更高要求。 东道国政府和业主对承包工程企业的综合能力要求越来越高，包括：整合利用政策性、商业性和开发性资金；提供项目全产业链的综合服务，由传统工程承包向产业前端的规划、设计、咨询和后端的运营、维护和管理等领域扩展；由单一项目建设转向综合经济开发等。业主所在国也越来越多地提出了转让技术、带动当地企业发展、再投资、提高当地社会的获得感等要求；不仅要求带动当地人员就业，而且要求同工同酬，平等待遇；对于一般的公益活动到企业社会责任、与当地社会的共同发展以及对项目的环保等方面提出了更多的要求。其他国际多边金融机构日益关注社会和环境可持续发展议题，要求项目参与方增加透明度，企业参与国际项目招标投标面临更为严苛的要求。

传统的EPC、EPC+F等业务模式面临巨大挑战，投融资支持仍面临较多困难。 传统业务模式面临挑战主要体现在：部分国家主权债务违约风险加大，金融机构暂缓放贷，融资框架项目急剧减少，合作国普遍要求国际承包商通过投资参与其项目建设；目前，我国企业项目融资主要还是依赖主权担保，项目融资、次主权担保模式难以被普遍接受；企业融资渠道窄、融资成本高，融资难度大，资金落地困难；国内对企业对外投资监管严格，审批程序和时限不能满足企业对外投资决策需求。以上问题造成企业参与境外投融资项目面临"签约难、生效难、落地难"的困境。

欧美日及发展中国家承包商加大对亚非等地区市场的重视，中资企业外部竞争压力增大。 欧美日及发展中国家承包商重返中低端市场，亚非地区将成为各方的角力市场。西方国家纷纷通过在非洲加大援助、减免债务、扩大投资，支持本国企业利用技术优势、资金优势、价格优势等加快开拓非洲市场。欧美日等国际承包商能够获得的融资条件和融资支持较中资企业更有竞争力。例如在东南亚地区，日资银行提供的融资在利率和期限上有着较大优势，中资银行很难达到其融资和担保条件。部分国家政府加大对当地企业的优惠幅度，采取当地优先的政策，特别是在住宅和公共建筑项目竞标中，来自当地企业的竞争压力加大。

1　引自《中国对外承包工程发展报告2019—2020》(中华人民共和国商务部，中国对外承包工程商会)。

第2章 中国工程建设标准海外实践应用情况分析

2.1 中国工程建设标准体系概述

近年来，中国的工程技术取得了长足发展，越来越多的技术领域取得突破成果，水电、风电、铁路、港口、桥梁等工程技术领域处于世界领先地位，并且形成了完整的标准体系。我国工程建设标准涉及城乡建设、石油化工工程、水利工程、冶金工程、建材工程、电力工程、海洋工程、交通运输工程（水运）、人防工程、测绘工程等领域，覆盖了各类工程建设项目以及工程建设全过程各个阶段，形成了较为完善的工程建设标准体系，在保障工程质量安全、推进建筑业持续发展等方面发挥了重要支撑作用。

我国工程建设标准按强制属性分为强制性标准、推荐性标准和自愿采用标准。强制性标准是指直接涉及工程质量、安全、卫生及环境保护等方面的工程建设标准强制性条文及全文强制性规范。除强制性规范外，均为推荐性标准。自愿采用标准，主要是指由社会团体制定发布，并由相关社会成员约定采用或者供社会自愿采用的团体标准。我国工程建设标准按适用范围层级分为国家标准、行业标准、地方标准、团体标准和企业标准。截至2020年底，我国现行工程建设国家标准、行业标准、地方标准共有10456项，其中，工程建设国家标准1346项，工程建设行业标准4086项，工程建设地方标准5024项。[13]

1. 国家标准

国家标准由住房和城乡建设部批准，国家市场监督管理总局、住房和城乡建设部联合发布。现行工程建设国家标准涉及城乡建设、电力工程、冶金工程、水利工程、建材工程等32个行业，其中，城乡建设领域的国家标准数量最多，共有393项，占工程建设国家标准总数的30%，其次是电力工程的国家标准118项，占比8.8%。自2017年起，强制性工程建设规范编研工作开始列入住房和城乡建设部年度制修订工作计划，参照国际通行做法，强制性工程建设规范发布后将替代现行强制性条文，并作为约束推荐性标准和团体标准的基本要求。根据国家标准化工作改革要求，按照住房和城乡建设部强制性工程建设规范编制工作的总体部署，城乡建设领域深入开展强制性工程建设规范的编制工作，在规范编制中强化了国际规范的研究，开展关键问题论证，进一步完善城乡建设领域的工程建设规范体系。

2. 行业标准

行业标准由行业标准化主管机构批准发布。截至2020年底，现行工程建设行业标准4086项，电力工程现行工程建设行业标准数量最多，建筑工业次之。其中，能源领域（包括电力工程、石油天然气工程、海洋石油工程、煤炭工程、核工业工程、能源工程）占30.4%，化工领域（包括石油化工工程、化学工程）占15.9%，城建建工领域占17.4%，水利工程占7.5%，通信工程和海洋工程占7.6%，交通领域（包括铁路工程、民航工程、交通运输工程）占6.7%。[13]

工程建设行业标准化管理机构为各行业管理部门，支撑机构大多为标准定额站、行业协会。1992年，为加强工程建设行业标准管理，住房和城乡建设部制定并发布《工程建设行业标准管理办法》（建设部令第25号）。2018年，新修订的《中华人民共和国标准化法》对于行业标准制定提出了新要求。为规范工程建设行业标准化工作，2020年5月27日，交通运输部印发了《公路工程建设标准管理办法》（交公路规〔2020〕8号），进一步明确了标准管理职责，规范了标准化工作程序，优化了公路工程标准体系。2020年8月12日，工业和信息化部印发了《工业通信业行业标准制定管理办法》（工业和信息化部令第55号），进一步明确了工业通信业行业标准制定职责，细化了工业通信业行业标准制定程序和要求。此外，各行业标准主管部门和支撑机构也积极制定标准化管理制度，规范化管理行业标准。

3. 地方标准

地方标准由地方政府标准化主管机构批准发布。截至2020年底，现行工程建设地方标准5024项，其中，上海市现行地方标准441项，居各省、自治区和直辖市之首，其次为北京市现行地方标准374项、河北省现行地方标准354项。各省、自治区和直辖市的住房和城乡建设主管部门是本行政区工程建设地方标准化工作的行政主管部门，在标准化改革和各地机构调整的影响下，各地方工程建设标准的管理模式略有不同。上海市工程建设地方标准由上海市住房和城乡建设管理委员会单独立项并单独发布。上海市住房和城乡建设管理委员会于2014年发布了修订后的《上海市工程建设标准体系表》，划分为城乡规划、岩土工程与地基基础、建筑工程、市政和水务工程、地下空间工程、轨道交通、建设工程防灾、绿色建筑与建筑节能、风景园林和市容环境卫生、燃气电力供热制冷、建材应用、信息技术应用、交通运输、工程改造和维护与加固、工程建设管理共15个专业。为适应社会的需求，2020年，启动了轨道交通、消防、民防三个专业的标准体系研究，不断优化完善，以体现标准体系的全面性、系统性和科学性。

4．团体标准

团体标准由相关社会团体按照自行规定的标准制定程序制定并发布，供团体成员或社会自愿采用。随着新标准化法发布实施，我国团体标准蓬勃发展，《住房和城乡建设部办公厅关于培育和发展工程建设团体标准的意见》（建办标〔2016〕57号）发布以来，工程建设团体标准化工作稳步推进。围绕工程建设各个行业领域重点、难点问题，中国工程建设标准化协会、中国建筑节能协会、中国城市燃气协会、中国土木工程学会、中国勘察设计协会等社会团体积极探索团体标准化应用工作的新模式、新机制和新路径，完善标准工作机构（机制）建设，制定团体标准编制工作程序制度，发布团体标准公开公正、考核监督、追踪反馈等工作机制，促进工程建设团体标准的培育和发展。

2015年，国务院颁布《深化标准化工作改革方案》以来，工程建设标准体制也发生了重大变革。2016年，住房和城乡建设部印发《关于深化工程建设标准化工作改革的意见》，确定了改革强制性标准、构建强制性标准体系、优化完善推荐性标准、培育发展团体标准、全面提升标准水平、强化标准质量管理和信息公开、推进标准国际化等重大改革目标和任务。深化工程建设标准化改革实施以来，在工程建设强制性规范体系研究、团体标准培养发展等领域取得了显著成绩，但仍面临标准体系重构、标准化体制机制优化、重点领域关键环节改革持续深化、标准化基础能力提升、标准化效能增强、标准国际化寻求突破等重大改革任务。

为适应我国经济由高速增长阶段转向高质量发展阶段的新要求，住房和城乡建设部将进一步加快国际化的新型的工程建设标准体系建设，提高标准化工作的国际化程度，不断提升标准化水平，以高标准支撑和引导我国城市建设、工程建设高质量发展。面向行业重大需求，加强标准科技创新，加强绿色建筑、装配式建筑、智能建造、城市更新、城市市容市貌、农户建设等重点领域标准制定与标准体系建设，更好地服务于加快推进新型建筑工业化发展、创新行业监管与服务模式、提高建造水平和建筑品质；更好地服务城乡人居环境改善，推进以人为核心的城镇化，推动城市结构优化、功能完善和品质提升，全面推进城镇老旧小区改造，建设宜居、绿色、韧性、智慧、人文城市。此外，统筹推进国内国际标准化工作，根据国内外标准化环境发生的复杂深刻变化，在国际化标准体系重构、国际国内标准化协同机制创新、标准国际适应性提升、国际标准制定、承担国际标准化技术机构、国际交流和推广等方面加快改革步伐、加大工作力度，为城乡建设事业高质量发展发挥重要技术支撑和引擎作用。

2.2 中国工程建设标准在对外承包工程中应用情况分析

现阶段，中国对外承包工程业务的三大支柱领域仍然是交通运输建设、房屋建筑和电力工程，在通信工程、电力工程、污水处理、交通运输建设、一般建筑、水利建设、制造业等多个业务领域也保持领先地位。我国承建的许多铁路、轻轨、电站、水坝等工程全部采用中国工程建设标准，我国标准国际影响力日益增强。在近期"一带一路"倡议参与国对外承包工程项目中，肯尼亚蒙巴萨至内罗毕铁路（简称"蒙内铁路"，如图2-1所示）、连接埃塞俄比亚和吉布提两国首都的亚的斯亚贝巴-吉布提铁路（简称"亚吉铁路"）、中国昆明至老挝万象铁路（简称"中老铁路"，如图2-2所示）、毛里求斯帝国花园国际公寓、蒙古乌兰巴托机场高速公路、印尼泗水-马都拉大桥等项目均采用了中国工程建设标准。

与此同时，我国工程建设标准在对外承包工程项目推广应用过程中也遇到了非常多的困难。国际上许多国家和地区的标准使用情况比较复杂，有些采用本国标准，有些采用国际上较为先进的欧美标准，也有些是本国标准和国际标准混合使用。欧美等发达国家在亚洲和非洲一些国家的工程咨询和设计等高端市场中占有相当大的份额，有些国家的工程招标文件中就直接规定了必须采用欧美等发达国家的建设标准，这就使得欧美等发达国家工程建设标准在国际市场中的话语权很大。发达国家依靠技术创新优势占领发展中国家市场，同时利用其强大的标准体系、质量认证、绿色标准、产品规格等措施建立贸易壁垒。从目前国际标准规范体系来看，欧美规范尤其是英国和美国的规范牢牢占据建筑标准的制高点，虽然我国工程建设标准在很多方面具有优势，但是，由于标准体系不匹配，导致我国规范在国际工程实施、推广中遇到了非常多的困难，制约了中国承包商"走出去"的进程。

在我国对外承包工程业务中，以对外援助和投资项目为载体是推进我国工程建设标准国际化的有效途径。国内很多企业是通过对外援助成套项目慢慢将中国工程建设标准输出到"一带一路"沿线国家。中国对外援助成套项目主要采用中国标准，项目所需当

图2-1　蒙内铁路

图2-2　中老铁路

地常用的大宗材料并结合所在国的标准规范。通常情况下，对外援助成套项目会在对外协议中明确约定，"本项目按照中国有关设计规范和技术标准并结合所在国有关设计规范、施工规范和技术标准进行勘察、设计、施工和验收。严格遵守国家、地方、行业的现行的所有相关施工操作、材料、设备与工艺的各类规范、标准、工程建设条例、安全规则和其他任何适用于施工、安装的要求、规则、规定，以及所有相关的法令、法规，和其他适用于工程设计和施工的强制性条文"。我国援助的国家主要集中在非洲、亚洲的发展中国家，这些国家多数没有工程建设标准，中国工程建设标准在当地更容易被接受和采用。

国际招标类项目大多不采用中国工程建设标准。国际招标类项目，由世界银行、亚洲开发银行等参与的公开招标项目，多由专业化的国际咨询公司担任招标、监理，控制造价、进度和质量。此类海外项目中，英国标准、美国标准、法国标准、俄罗斯标准仍然具有强劲的优势和话语权，一般不会采用中国的标准规范。

随着中国经济的高速发展，国际上采用我国金融机构优惠贷款和优惠出口买方信贷等形式融资的项目越来越多。有我国资金投入的项目，承包商面临的标准差异挑战相对较小。根据调研分析，框架类项目，由中国进出口银行、国家开发银行等政策性银行及商业银行，以优息、低息或者免息的优惠政策，为国外项目提供优惠贷款，在这类项目中通常主要采取所在国当地标准，部分采用中国标准作为补充。我国每年以优惠贷款、出口商业信贷和中非基金、丝绸之路基金等方式融资支持发展中国家重大项目的同时，通过向该项目推荐中国公司，推荐采用中国技术标准设计建设，有力带动了中国产能走出去和中国技术标准国际化。

2.3 中国工程建设标准海外推广应用的建议

本书结合20个国际工程标准应用案例，从项目投标、项目实施和履约结果等方面分析了中国企业使用国外技术标准与中国技术标准在海外推广应用中所面临的问题和原因，为中国工程建设标准海外推广应用做出了示例，为中国标准国际化提供参考和借鉴。主要建议包括：

探索标准互联互通实施路径不同国家适应性方案。"一带一路"沿线国家众多且经济发展水平、国情社情、政治制度等存在巨大差异，应尊重各国实际情况，深入研究"一带一路"沿线国家工程建设技术法规和标准体系，探索标准互联互通实施路径不同国家的适应性方案。目前关于欧盟和北美的法律法规和标准体系研究较多，阿拉伯国家、中亚、东盟国家则较少，主要是这些国家多属于小语种国家，语言不通，且信息化建设不够健全导致信息来源匮乏有关，另一方面跟这些国家技术法规和标准体系建设不够完善也有关系。对于拥有完善标准体系的发达国家，可联合制定国际标准、开展标准互认，或通过标准化合作交流促进标准的互联互通；对于欠发达国家，可以聚焦重点领域，从重点标准规范着手，采取相应的措施推动我国工程建设标准的应用实施。此外，研究"一带一路"沿线国家技术法规和标准体系的实施监督机制，包括政府部门的审批监管、市场准入、认证认可、企业和人员资质要求等，熟悉工程建设标准化法制、政策、文化、经济和技术环境，有利于促进我国工程建设标准的采纳应用。

支持我国企业打造海外示范工程，建立"事实标准"。随着我国对外承包工程业务的不断发展，中国建筑企业应充分分析和研判业务发展所面临的机遇、困难和挑战，积极探讨业务结构优化，包括扩展新的业务领域以及实现业务的多元化发展等。目前国际市场资金紧缺加剧，对于承包商投融资的需求加大，企业应加快探索业务模式的升级，积极探讨投资带动类、建营一体化发展以及特许经营类项目，加大PPP项目的开发力度，充分发挥项目的经济效益和社会效益。积极参与整体区域规划和综合开发、其他各类资源的综合开发等项目。注重合作的领域和方式与业务所在国的发展需求相匹配，注重绿色环保可持续发展，建设可持续项目，关注项目的经济、社会、环境可行性。在我国承建或融资的境外项目中，结合当地市场需要、用户需求、经济社会环境、地理条件、气候特点等，对中国工程建设标准进行适应性优化，使中国标准满足有关国家工程条件的差异性要求，打造优质工程项目和先进标准示范项目，让沿线国家用户全面认识、逐渐习惯应用中国标准，建立"事实标准"，提高中国工程建设标准在海外的影响力。

提升我国对国际标准化活动的贡献度和影响力。全面谋划和参与国际标准化战略、政策和规则的制定修改，更多、更有效地反映中国的原则和见解，提供中国方案，提升我国对国际标准化活动的贡献度和影响力。鼓励、支持我国专家和机构担任国际标准化技术机构职务和承担秘书处工作。建立以企业为主体、相关方协同参与国际标准化活动的工作机制，培育、发展和推动我国优势、特色技术标准成为国际标准，服务我国企业和产业走出去。鼓励产业技术创新战略联盟、行业协会（学会）等积极与国际相关组织进行对接，组织企业、科研机构和高等院校等广泛参与国际标准或国外先进标准研制。支持有条件的企业、科研院所牵头建设以国际标准化工作为主的技术标准创新基地，通过市场化协作机制，构建产学研用共同参与的国际标准创新服务平台。联合"一带一路"沿线国家开展共性标准研制，促进技术合作，联合制定国际标准草案。鼓励企业在海外设立研发中心，将自主创新技术和产品以及企业标准研制为国际标准，提升中国主导和参与制定国际标准的比重。

加强工程建设标准国际化人才培养。努力打造国际标准化人才培训基地和国际标准化会议基地等，为中国企业、科研机构标准化人员等提供固定的标准化培训和对接国际标准化技术机构的场所。开展面向企业特别是"走出去"企业的标准化人才的专题培训，提升企业标准化人才的专业水准和综合素质，进而提升企业参与国际标准化活动能力和水平。加强属地化技术力量培养及储备。属地化员工具有语言优势，更熟悉当地国家相关法律法规，并能够充分整合资源有效获取信息，对于长期从事国际工程的总承包单位，有利于促进海外项目团队更快地适应、融入当地国家行业标准及要求。随着中国经济飞速的发展，越来越多的外籍学生在中国学习和工作，加强外籍中国留学生对中国政策、标准体系等的了解，属地化留学生具有语言优势，了解当地相关法律法规、标准规范，通过与中国规范进行对比，找出差异性，避免在项目建设周期对当地规范理解不准确，而造成经济损失，有助于中国工程建设标准在项目所在国推广应用。

房屋建筑篇

第3章 超高层建筑

3.1 实践案例——埃及新首都中央商务区（一期）项目

3.1.1 项目概况

（1）项目名称：埃及新首都中央商务区（一期）项目；

（2）项目所在地：埃及开罗以东约45km，埃及新行政首都；

（3）项目投资形式：85%是中国商业融资，15%是业主自有资金；

（4）项目合同形式：设计-建造合同；

（5）项目起止时间：2018年5月2日～2022年8月30日，总工期为1581天；

（6）结构类型：框架结构、框架-剪力墙结构、剪力墙结构、核心筒-外框钢结构等；

（7）建设单位：埃及新城开发局（New Urban Communities Authority，简称NUCA）；

（8）咨询单位：达尔埃及有限公司（Dar Al-Handasah Egypt Limited）；

（9）设计单位：达尔埃及有限公司（Dar Al-Handasah Egypt Limited）；

（10）总承包单位：中国建筑股份有限公司，中国建筑第八工程局有限公司负责标志塔和其他15个单体项目的实施。

3.1.2 工程概况

埃及新首都中央商务区（一期）项目（以下简称"新首都CBD项目"）位于埃及新首都核心区，占地面积约50.5万m²，含1栋非洲最高楼标志塔（Iconic Tower），12栋高层商业办公楼、5栋高层公寓和2栋高档酒店，是由20个高层建筑单体组成的大型综合体及配套市政工程，建筑总面积约170万m²，合同金额254亿元人民币。标志塔（Iconic Tower）总高度385.8m，总建筑面积26万m²，共计79层，建成后将成为继金字塔之后埃及的新地标，同时也将是非洲第一高楼。

（a）　　　　　　　　　　　　　　　　　　　　（b）

图3-1　埃及新首都中央商务区（一期）项目整体效果图

> 埃及新行政首都：埃及政府于2015年宣布启动，位于大开罗地区东侧，苏伊士经济带以西，规划面积700km²，规划人口500万，是塞西政府目前力推的"头号重点工程"。

新首都CBD项目的业主为埃及新城开发局，项目招标投标形式为独家议标，项目资金来源为85%中国商业融资，15%业主自有资金，项目的合同形式为设计-建造合同。

埃及是"一带一路"倡议的重要支点国家，新首都CBD项目是迄今为止中资企业在埃及市场上承接的最大项目（图3-1）。项目建成后，埃及将拥有世界级的高档中央商务区，并将带动苏伊士运河经济带和红海经济带的开发，助推"埃及国家复兴计划"。

3.1.3 中国标准应用的整体情况

本项目主要采用埃及标准，埃及标准不适用或不能覆盖的领域，设计、监理单位通常采用美国标准，部分采用欧洲标准或英国标准，但需同埃及的建筑规范主管单位进行沟通，并得到批准。埃及建筑工程标准体系相对完备，覆盖低多层及高层建筑，但在超高层建筑领域相对欠缺；地基基础、建筑结构规范相对完备，其余专业规范相对欠缺。本项目采用的中国标准主要涉及12个分项工程，如表3-1所示。

本项目合同规定，施工总承包需要满足设计和监理要求。经与业主和监理协商确定，中国产品可以在国际认证的中国实验室进行认证，检验标准采用欧美标准。对于国内外设备、材料采购，当地一般要求通过CE认证或UL认证。合同规定的质量、职业健康和安全、环境要求，以及对性能试验、竣工验收、竣工移交、运行与维护等要求，需要满足本工程SPEC文件（技术规格书）及当地政府部门要求。SPEC文件由监理单位提

主要采用的中国标准清单　　　　　　　　　　　表3-1

分项工程	规范名称	编号	分项工程	规范名称	编号
高支模及混凝土施工	混凝土结构工程施工质量验收规范	GB 50204-2015	幕墙生产、安装	玻璃幕墙工程技术规范	JGJ 102-2003
	混凝土结构工程施工规范	GB 50666-2011		玻璃幕墙工程质量检验标准	JGJ/T 139-2020
	建筑施工模板安全技术规范	JGJ 162-2008		建筑幕墙气密、水密、抗风压性检测方法	GB/T 15227-2007
	建筑结构荷载规范	GB 50009-2012		建筑装饰装修工程质量验收标准	GB 50210-2018
	建筑施工碗扣式钢管脚手架安全技术规范	JGJ 166-2016	灌注桩	建筑桩基设计规范	JGJ 94-2008
	建筑施工门式钢管脚手架安全技术标准	JGJ/T 128-2019	直螺纹套筒连接	钢筋机械连接技术规程	JGJ 107-2016
液压爬模	建筑结构荷载规范	GB 50009-2012	地下室防水	地下工程防水技术规范	GB 50108-2008
	液压传动系统及其元件的通用规则和安全要求	GB/T 3766-2015		地下防水工程质量验收规范	GB 50208-2011
	建筑施工高处作业安全技术规范	JGJ 80-2016	筏板大体积混凝土	大体积混凝土施工标准	GB 50496-2018
	钢结构工程施工质量验收标准	GB 50205-2020		大体积混凝土温度测控技术规范	GB/T 51028-2015
爬升防护屏	钢结构设计标准	GB 50017-2017	预应力施工（注浆、封锚）	混凝土结构工程施工规范	GB 50666-2011
	建筑结构荷载规范	GB 50009-2012		后张预应力施工规程	DG/T J08-235-2012
	冷弯薄壁型钢结构技术规范	GB 50018-2002		预应力筋用锚具、夹具和连接器应用技术规程	JGJ 85-2010
连廊吊装	钢结构工程施工规范	GB 50755-2012	钢结构安装	钢结构工程施工规范	GB 50755-2012
	钢结构工程施工质量验收标准	GB 50205-2020		钢结构工程施工质量验收标准	GB 50205-2020
	钢结构焊接规范	GB 50661-2011	基坑开挖支护	建筑地基基础设计规范	GB 50007-2011
	重型结构和设备整体提升技术规范	GB 51162-2016		建筑地基基础工程施工质量验收标准	GB 50202-2018

供，监理按照此文件的要求进行现场工程实施，文件共计24个部分，涵盖混凝土、砌体、金属、保温及防水保护等部分，共计274个条目，包含整个工程的方方面面，涉及现场工程施工所需的所有专业，对各专业所涉及的材料、现场施工、所提交的文件、如何实施执行等都有具体的要求。

本项目土建施工多采用的是SPEC文件，中国标准仅作为补充，在使用这些中国标准之前需要与监理协商。

为了遵循中国企业内部管理的要求，本项目采用中国标准作为管理控制底线，例如《混凝土结构工程施工质量验收规范》GB 50204-2015、《钢结构工程施工质量验收标准》GB 50205-2020、《建筑地基基础工程施工质量验收标准》GB 50202-2018、《玻璃幕墙工程质量检验标准》JGJ/T 139-2020等。

3.1.4 中国标准应用的特点和亮点

标志塔（Iconic Tower）塔楼主体结构为"外框钢结构+钢筋混凝土核心筒"形式，如图3-2所示。地勘发现，下部有厚度约40m的玄武岩层，玄武岩承载力较高，因此塔楼采用天然地基上的筏板基础。本工程筏板面积3680m²，筏板厚度5m，采用C45混凝土，是埃及建筑史上最大的筏板基础。

亮点一：岩石浸水平板载荷试验

标志塔（Iconic Tower）原设计确定地基承载力的方法是取岩样做室内试验确定基岩的性能参数，由于未能全面考虑周围岩石的约束对承载力的提高，按上述方法确定的设计值取值偏保守。为了准确确定基岩的承载力，通过与设计单位协商，决定在开挖到设计标高后，采用原位现场载荷试验，并同时考虑水可能对岩石产生的影响，即岩石浸水平板载荷试验，在平板载荷试验基础上考虑浸水前后岩石性能参数的变化以准确测定岩石的承载力，为设计提供参考。

岩石浸水平板载荷试验具有挑战性，在精度、平整度、刚度等方面要求较高，试验对影响试验结果的毫米级误差非常敏感。承压板和垫层的平整度和刚度成为控制误差的关键，通过自行设计加载装置、岩石找平施工工艺、设计找平钢板可调支架装置等解决了上述问题，保证了岩石浸水平板载荷试验的顺利进行，如图3-3、图3-4所示。设计单位依据岩石浸水平板载荷试验得到基岩的准确性能参数，对筏板进行重新设计，节约了近1000t筏板钢筋，实施效果良好。标志塔岩石浸水平板载荷试验的顺利实施充分展现了中国建筑企业从设计、施工到管理的强大综合建造能力，为中国建筑企业在当地树立了良好形象。

亮点二：超厚筏板建造关键技术分析

埃及标志塔筏板基础厚度高达5m，采用自密实混凝土一次性浇筑的施工方案，浇筑过程中混凝土对模板侧压力大。施工突破了传统的筏板混凝土单侧支模的思路，提前在筏板外侧浇筑一道混凝土墙，该混凝土墙既可以作为挡土墙，又可以作为筏板浇筑时的模板，同时可将后续的筏板外侧防水作业提前在挡土墙内侧施工。降低了超高筏板单侧支模的难度，极大提高了浇筑过程中的安全性，避免了胀模等风险。提前回填的填土为筏板大体积混凝土在浇筑完成之后提供良好的保温性能，为后续地下室外墙施工提供了作业空间。根据《大体积混凝土施工标准》GB 50496-2018，对大体积混凝土施工全过程进行管控，解决了裂缝控制难题。按照总体分层连续浇筑，循序渐进，一次到顶的原则进行浇筑，并严格做好测温工作，控制降温速率不大于2℃/d，表面与大气温差不大于20℃，里表温差不大于25℃，中心最大温度不大于70℃。浇筑完成后根据标准要求立即采用覆膜养护、保温养护、洒水养护相结合的养护方式进行覆盖保温和保湿养护。标志塔5m厚超大筏板的成功建造充分展现了中国建筑企业强大综合建造能力，为中国建筑企业走出去奠定了扎实基础，如图3-5所示。

图3-2 埃及新首都标志塔

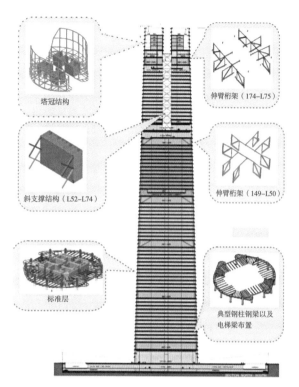

塔冠结构

斜支撑结构（L52-L74）

标准层

伸臂桁架（174-L75）

伸臂桁架（149-L50）

典型钢柱钢梁以及
电梯梁布置

图3-2　埃及新首都标志塔（续）

图3-3　承压板的平板组合实物

图3-4　岩石浸水平板载荷试验反力装置

（a）浇筑

（b）筏板养护

（c）筏板施工

图3-5　标志塔筏板基础施工

亮点三：超高层结构优化设计分析

埃及标志塔项目中，施工图深化设计阶段引用了中国成熟的连接节点做法和相关图集，如钢桁架与型钢柱的连接节点参考了图集《多、高层民用建筑钢结构节点构造详图》16G519、《建筑物抗震构造详图（多层和高层钢筋混凝土房屋）》11G329-1等。中国建筑第八工程局有限公司编制了《标志塔项目设计优化报告》，根据中国超高层结构设计和施工的成熟做法，进行了钢梁埋件优化设计分析、压型钢板设计分析、取消钢管混凝土柱内纵筋的验算分析、钢筋核心筒带交叉暗梁（交叉暗筋）处连梁分析、伸臂桁架层分析等内容，对比了埃及混凝土标准、埃及钢结构标准、美国《结构混凝土建筑规范》ACI 318-11、美国《钢结构建筑设计规范》AISC 360-10、中国《钢管混凝土结构技术规范》GB 50936-2014等，通过大量的数值模拟分析工作，利用分析数据与设计监理单位沟通研讨，最终优化设计方案得到了业主和设计监理单位的认可，并在项目上实施应用。

亮点四：新型液压爬升系统配合组合式钢、铝模板的施工方法

标志塔项目根据《组合钢模板技术规范》GB/T 50214-2013、《液压爬升模板工程技术标准》JGJ/T 195-2018、《液压升降整体脚手架安全技术规程》JGJ 183-2009等中国规范，应用了国内先进的新型自爬模系统，如图3-6所示。整个模板支架系统附着在已经

（a）细部效果

（b）整体

（c）爬模高空移位改装

图3-6　新型自爬模系统

（a）现场施工　　　　　　　　　　（b）铝模板体系设计

图3-7　铝模板体系

浇筑好的钢筋混凝土剪力墙结构上，安全可靠，节约塔式起重机吊力40%以上，节约人工成本30%左右，施工速度平均达4～5d/层。

依据《组合铝合金模板工程技术规程》JGJ 386-2016设计铝合金模板体系，采用盘扣架体模式，根据《建筑施工承插型盘扣式钢管支架安全技术规程》JGJ 231-2010的要求进行架体搭设，确保现场施工安装，如图3-7所示。依据《建筑施工扣件式钢管脚手架安全技术规范》JGJ 130-2011进行悬挑式脚手架的设计和施工。参照《建筑施工模板安全技术规范》JGJ 162-2008、《建筑施工脚手架安全技术统一标准》GB 51210-2016和《建筑施工碗扣式钢管脚手架安全技术规范》JGJ 166-2016等中国规范和标准编制模架体系施工专项方案，对危险性较大的模架体系的安全和质量进行有效管控。

亮点五：灌注桩后注浆技术应用

埃及新首都CBD项目中，其他高层建筑采用了中国成熟的人工挖孔桩、后注浆灌注桩等技术。桩基础的原始设计方案根据埃及国家标准《埃及基础设计与施工规范》ECP 202-2001（Egyptian Code of Soil Mechanics and Design and Construction of Foundations）进行设计，设计桩长为40m，由于大量的桩需要进入岩石层内，桩的入岩深度从2～6m不等，施工难度大，工期长。后参照中国标准《建筑桩基技术规范》JGJ 94-2008、《福建省灌注桩后注浆施工技术规程》DBJ/T 13-247-2016等，改用国内成熟的人工挖孔桩替换了原设计的钻孔桩，采用国内经常使用的后注浆技术，利用增强桩的极限侧摩阻力和极限端阻力，将桩长减少至30m，避免入岩，有效地解决了岩石钻孔的难题，在确保承载力的前提下，节约了工期，降低了成本，提升了桩基系统的工作效率和利润空间，如图3-8所示。

此外，我国施工标准在质量方面能够弥补国外施工标准的空白。以土建施工为例，

（a）钻孔
（b）下钢筋笼

图3-8　后注浆灌注桩施工

（a）直螺纹丝头长度满足要求
（b）现场检查

图3-9　直螺纹套筒安装验收

直螺纹套筒加工及安装验收，国外标准对套丝丝牙的加工以及套筒安装的扭矩值都没有具体的要求，该项目参考了中国标准《钢筋机械连接技术规程》JGJ 107-2016对各标段直螺纹加工及安装进行现场施工管理，保证了钢筋连接的质量，如图3-9所示。

3.1.5 经验和启示

近年来，超高层建筑在世界范围内得到快速发展，中国承包商已经走出国门，承接海外超高层项目。在此类项目中，我国企业需要熟悉掌握SPEC文件的相关要求，并在此基础上了解项目规定采用的当地标准、国际标准等，中国标准作为企业管理的辅助手段，弥补部分空白。本项目设计及监理单位是达尔埃及有限公司（Dar Al-Handasah Egypt Limited），行业排名世界前列，监理与设计水平高，国际化程度高，需要懂技术、同时语言能力过关的管理人员与之对接。

在物资采购方面，虽然中国产品进入埃及市场比较早，但仍然有"水土不服"的情

况，存在标准及认证体系差异。由于对物美价廉的中国产品的不熟悉，以及工程取费等因素的影响，中国产品在类似项目中的应用遇到很大阻力。在项目SPEC文件里有对关键材料品牌范围的指定，不允许总包方采用替换方案。国外项目材料的采购程序一般为：监理首先对总包方推荐的材料供应商进行资格预审，然后对上报供应商是否具备资格进行审核，最后允许审核通过的材料供应商提供样品，确定材料供应商。如果涉及结构安全的钢制加工件（锚固件）材料，国外项目最为认可的是具有EOTA认证的品牌。国内厂家具备该认证的供应商很少。EOTA作为锚固行业的重要认证，是锚固产品应用范围和技术性能的有力证明，国外工程中认可度很高。

采购效率方面，在中国采购经监理认可的材料，要根据合同工期，除了考虑正常的国内原材料供应周期、材料加工及组装周期、国家法定节假日等因素外，还要考虑海运、船期及国内报关的相关法律要求，以及考虑项目所在国对清关的各种认证和要求。对原材料的备货、生产排产，需要严格根据项目计划要求生产及发货，国内材料采购效率对项目计划和进度影响更为明显。在第三国采购方面，首要考虑的因素是供应周期，并确保原材料备货充足。

3.2 实践案例——越南胡志明市Alpha Town办公楼项目

3.2.1 项目概况

（1）项目名称：越南胡志明市Alpha Town办公楼项目；

（2）项目所在地：越南胡志明市；

（3）项目投资形式：业主自筹，7500万美元；

（4）项目规模：建筑面积92359m²；

（5）项目起止时间：2017年3月至今；

（6）结构类型：钢筋混凝土框架核心筒；

（7）建设方：Trade Wind Investment Corporation；

（8）咨询单位：华东建筑集团股份有限公司，凯瑞思公司（ARCADIS）；

（9）设计单位：华建集团上海院、环境院、地下院、科创中心等；

（10）监理单位：迈进（越南）有限公司［Meinhardt（VietNam）Ltd.］；

（11）总承包单位：中建建筑（东南亚）有限公司。

3.2.2 工程概况

越南胡志明市 Alpha Town 办公楼项目位于越南胡志明市第一郡 TranHungDao 路与 HoHaoHon 路的交叉路口。建筑地上共35层，地下5层，总面积92359m²，高160m。项目投资7500万美元，建成后将成为该地区标志性的超高层办公建筑。

建筑设计理念选择了越南传统民族服饰"奥黛（AoDai）"。奥黛是越南的国服，自18世纪出现并渗透到了越南的生活、诗歌、音乐和绘画艺术中，成为越南文化形象的代表。设计提取了奥黛服饰玲珑有致的曲线特点，用现代建筑设计的手法、简单大方的曲线营造出了优雅轻盈的体量，流畅而优美的线条和随风飘逸的姿态展现出了灵动感。同时本项目对结构、空间设计和材料选择进行了合理规划，并完全符合时代简洁的概念。设计体现了独特的东方魅力与越南民族的文化内涵，带给当地新颖、先进的方案创作理念。景观设计中，结合当地的"西贡河"和"水上集市"的元素，建筑犹如港口，模拟船只入港的情景。室内空间中，退台的曲线造型，高亮度的地面，让人联想到水流的形态与质感，家具是一艘艘小船停泊在大堂中，宛如西贡河水上集市的场景，如图3-10～图3-12所示。

该项目一举斩获2018年越南卓越地产奖（Property Guru Vietnam Property Award）最佳办公建筑设计、最佳办公建筑开发以及最佳绿色建筑提名奖等奖项。同时入选越南胡志明市 BIM 应用示范项目。在设计创新和工程建造标准上，Alpha Town 项目均已代表了越南办公建筑领域的最高水平，将成为胡志明市一座新的经典地标建筑。

3.2.3 中国标准应用的整体情况

本项目设计遵循越南工程建设相关法律法规相关规定，涉及规划及建筑、城市开发、施工建设、建设投资、质量管理、建设标准等73项法律、决定、法规、通知等文件。越南有相对成熟的标准体系，同时采取开放性态度，愿意参照发达国家的先进标准体系。本项目实施过程中，在建筑、结构、机电、景观、标识、LEED、BIM 等设计方面采用越南当地标准与欧洲、美国标准相结合进行设计，同时对比中国标准进行验证。

本项目岩土工程勘察、检测方面采用了越南当地标准及中国国家标准，越南当地标准只能提供部分基本的参数，不足以供桩基设计、基坑围护设计使用，故采用中国相关标准，最终提供的参数能够体现当地的工程地质条件。基坑围护设计中，采用了越南当地标准与中国标准相结合的设计方式。当地深基坑实际项目较少，工程经验相对匮乏，很难获得相近的项目经验，因此只能借鉴国内的项目经验。计算参数、计算软件、相关材料均按照当地标准执行。在采用越南当地标准设计后，再采用中国标准进行复核，采用中国标准获得的设计结果作为设计底线，可以保障基坑支护的安全底线。

图3-10　项目效果图

图3-11　建筑入口图

图3-12　建筑内景图

3.2.4 中国标准应用的特点和亮点

亮点一：深大基坑围护结构设计

由于越南当地深基坑实际项目较少，工程经验相对匮乏，较难获得相近地质条件、周边环境条件、荷载条件相近的项目经验，因此只能借鉴国内的项目经验，本工程作为胡志明市当地开挖深度最深的基坑，基坑面积4000m²，开挖深度达到了21.4m。周边紧邻居民楼，环境保护要求高，地质条件复杂。工程的成功实施，不仅保障了周边居民楼的安全，同时为越南当地深大基坑工程技术积累了丰富而宝贵的经验，成为越南深大基坑围护结构设计的一个样本和典范，有力地提高了越南深大基坑设计水平。设计中大胆而科学地进行科技创新，在越南首次采用圆环混凝土支撑，极大加快了主楼的施工速度，为建设方节约了工期及造价，如图3-13、图3-14所示。

图3-13　越南AlphaTown办公楼项目深基坑鸟瞰图

图3-14　深基坑圆环混凝土支撑

在基坑支护设计中，按照当地设计习惯，只采用了越南当地标准及欧洲标准，未采用中国工程建设标准，但是在设计过程中，用中国标准进行了设计复核。主要原因是当地的基坑支护图纸需要由当地有资质的设计单位进行审图，本工程的审图单位为胡志明市交通运输大学（HCMC），其要求设计计算参数、设计计算软件、相关材料均按照当地标准执行，不认可中国基坑支护设计标准。

当地的设计经验主要参照欧洲标准，因此其计算所需的土体物理力学参数参照欧洲标准，例如土体抗剪强度指标采用三轴强度指标。而中国在大量工程建设过程中，采用了不同的物理力学参数，即直剪试验固结快剪强度指标，各项稳定系数的确定也是在该指标的计算下获得的。总体上越南当地的设计更加保守，比如计算出的基坑围护结构侧向变形，比实际施工结果大20~40mm。

亮点二：BIM技术应用

本项目充分利用了设计团队的BIM技术及应用经验，参考国际BIMForum的LOD标准、AKR企业级的BIM执行计划和Revit标准，制定了适用于本项目的LOD标准，如图3-15所示。BIM技术路线以设计内容整合与综合审阅为抓手，BIM作为设计协调与优化的技术载体，控制各工种设计内容及提资信息的唯一性。采用无人机采集实际地形和周边情况，指导竖向设计，同时模拟视线分析、自然采光等设计条件。通过参数化技术推敲建筑双曲面的造型，优化了后期工艺。

本项目将BIM作为设计、施工以及运营阶段各参建方的信息分享和交换中心，采用Autodesk BIM 360作为云端项目设计和管理平台，在项目各参与方之间实时共享设计图

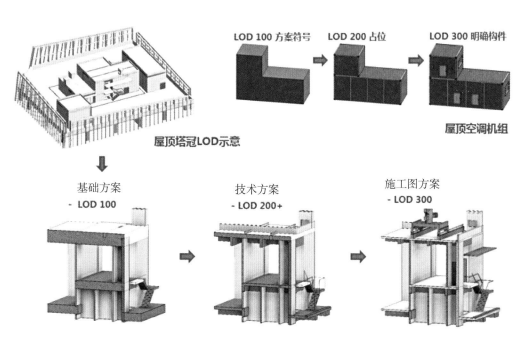

图3-15 项目LOD标准的实际应用

纸、模型和文档，无缝交换项目信息，极大地促进了跨国设计和管理团队间的协作效率，减少了因RFI所造成的工期延误。

基于BIM问题追溯平台的建立是BIM在项目管理方面应用的一大创新。项目各参与方可以在同一平台对设计方案进行云端批注，以不同图层、色彩区分参与方，及时进行有效的沟通及意见反馈。平台上的各方意见汇总成为issuelog表格，用于跟踪问题处理状态，避免信息不对等或问题错漏。这种创新的问题追溯机制有效保证了项目实施过程中多方信息交互的实效性、完整性、可追溯性。

越南Alpha Town项目中应用了BIM技术并制定了项目级的BIM模型标准，BIM的全面实施为项目带来了显著的价值，大大提升了项目的交付品质，本项目成为越南胡志明市BIM应用示范项目，如图3-16所示。作为中越首个采用国际LOD标准进行BIM工作策划的跨国项目，得到了外方BIM顾问公司的高度认可，为我国BIM发展与国际标准接轨做出了重要贡献。无论是BIM协同管理平台的搭建还是BIM执行标准的制定，都将成为今后我国"一带一路"建设中跨国项目BIM实施的典范。

3.2.5 经验和启示

本项目为华建集团按照国际通行的全过程工程咨询服务模式，承担了包含项目策划、地质勘察、建筑设计、室内设计、绿建咨询、BIM咨询、合约管理和项目管理等在内的首个"一带一路"国际商业投资项目。依托一批具有国际视野的建筑师队伍，充分发挥主创建筑师团队及项目管理团队的技术优势和主导作用，提升了本工程的建设品质和商业价值，积累了国际工程环境中建筑师负责制的实践经验。此外，项目在绿色建筑、深基坑、超高层以及科技创新方面都有效地扩大了中国标准在海外应用的舞台，促进中国标准与国际标准的对接。本项目作为中国海外建设项目的标杆之作，在越南当地也荣获了最佳商业、办公、住宅设计及开发等多个建筑业奖项，相关启示与建议总结如下。

随着改革开放以来大规模的城市化进程和基础设施建设，国内建筑业的技术水平得到了极大提升，建成了一批举世瞩目的世纪工程，中国设计咨询和工程承包企业，在超高、超大、超深工程领域积累了丰富的工程经验和技术规范，在很多专项体系中已经具备成套输出中国工程建设标准的能力。但由于工程建设领域中国目前主导制定的国际标准占比低、影响力弱，工程建设标准外文版未能与中文版保持同步制修订等原因，在商业项目中推广中国标准受到较大制约。唯有在行业内不断提高对工程建设标准国际化工作的重视程度，在实践中不断将成熟经验、先进技术和科研成果总结并转化为企业标准与行业标准，通过积极参加国际工程领域的标准认证、交流研讨、合作研究等活动，与共建"一带一路"沿线国家加强标准对接和融合，才能更好地提升中国企业在国际市场中的话语权，更好地管控经营风险。

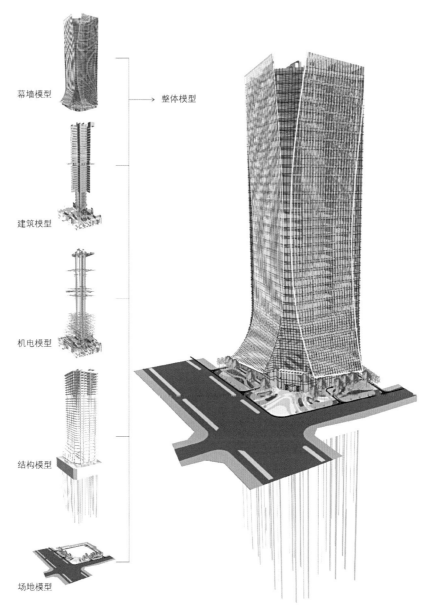

幕墙模型

整体模型

建筑模型

机电模型

结构模型

场地模型

（a）建筑整体模型

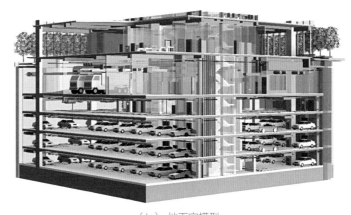

（b）地下室模型

图3-16　项目BIM模型

海外市场开拓方面，赴海外承接商业开发项目，需要有充分的前期调研，包括当地建筑市场生态、标准体系、建设管理程序、设计审查制度、项目建设报批流程、项目实施过程中的政府参与程度等。同时，应在此基础上，做好商务、技术、管理和风控等各项组织和人员储备，加强国际交流合作，加强各方利益融合，实现共同发展。

项目执行方面，坚持以设计引领、项目管理为核心的全过程咨询服务模式。2021年，商务部等19部门印发《商务部等19部门关于促进对外设计咨询高质量发展有关工作的通知》（商合函〔2021〕1号）中提出：强化设计咨询对境外项目建设的主导作用，引入和发展全过程咨询服务。国内领先的建筑设计和工程咨询企业应高度重视全过程咨询服务在工程建设价值链和中国标准"走出去"中的引领作用。通过发挥设计咨询企业的人才、技术和服务等综合优势，可以为中国的产品、技术和标准"走出去"提供支撑，促进对外承包工程转变增长动力，提升发展质量和效益。

技术创新方面，本项目中，BIM不仅在精益设计和可持续发展上扮演了重要角色，更在跨国项目的协同方式上进行了创新的探索，无论是BIM协同管理平台的搭建还是BIM执行标准的制定，都将为今后在工程领域推动数字"一带一路"建设提供示范案例。

第4章　公共文化建筑

4.1 实践案例——援柬埔寨国家体育场项目

4.1.1 项目概况

（1）项目名称：援柬埔寨国家体育场项目；

（2）项目所在地：柬埔寨首都金边市东北郊，距市中心约15km；

（3）项目投资形式：中国政府投资；

（4）项目规模：占地面积约16.22公顷，建筑面积8.24万m²，设置55000个座位，并预留5000个座位空间，是可容纳6万人的特级体育场；

（5）项目起止时间：2017年8月31日～2021年5月31日；

（6）结构类型：看台采用钢筋混凝土框架结构体系，罩棚体系采用斜拉空间索桁膜结构体系；

（7）建设方：中华人民共和国商务部国际经济合作事务局；

（8）设计单位：中国中元国际工程有限公司；

（9）监理单位：上海建筑设计研究院有限公司和广州穗科建设管理有限公司联合体；

（10）总承包单位：中国建筑股份有限公司（中国建筑第八工程局有限公司负责具体实施）。

4.1.2 工程概况

援柬埔寨体育场项目是中柬共建"一带一路"倡议下合作的硕果。项目位于柬埔寨首都金边市湄公河畔，项目施工总造价9.25亿元人民币，项目占地面积16.22公顷，总建筑面积8.24万m²，是一座6万座特级体育场，可满足举办洲际运动会和举办大型国际足球赛事功能要求，项目建成后将作为2023年东南亚运动会的主会场，是一个集体育比赛、集会演出、商务办公、餐饮住宿、展览会议与购物为一体的综合性多功能场所，如图4-1所示。

援柬埔寨国家体育场整体设计简洁现代、造型新颖,引入古代吴哥窟护城河的总体规划,将柬埔寨"合十礼"、古代建筑屋脊等传统元素融合在体育场两端99米高的"人"字形吊塔造型中,实现了中国建筑技术与柬埔寨文化的巧妙结合,整体造型像一艘帆船,寓意中柬友谊扬帆远航,如图4-1、图4-2所示。援柬埔寨国家体育场项目是中国迄今为止对外援助规模最大、等级最高、结构最复杂、设计最先进的体育场,象征着中柬两国在和平稳定发展环境中并进前行的信心,见证了中柬友谊的深厚绵长。同时,也是中国援建史上新的里程碑,成为中国建筑"走出去"的一张新名片。

(a)

(b)

图4-1　项目效果图

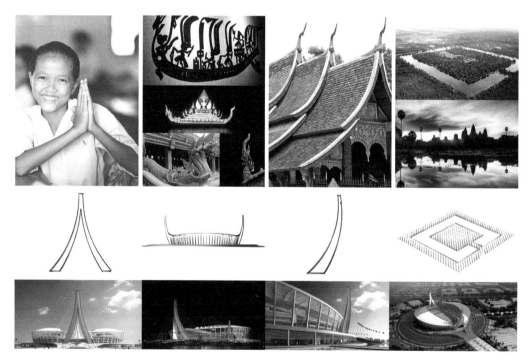

图4-2　援柬埔寨国家体育场建筑设计理念

4.1.3　中国标准应用的整体情况

柬埔寨没有出台相应的国家标准，当前建筑业采用的标准主要是欧洲标准、英国标准和美国标准，我国工程建设标准在当地的认可度仍然较低。柬埔寨国家历史上受法国殖民，建筑业通常采用欧洲标准，进入20世纪80年代，美国、日本、韩国成为柬埔寨的主要援助国，美国标准迅速成为该国的主要标准，当前市场上关于材料、设备多由美国标准、日本标准控制。据了解，柬埔寨在2019年下发了国家《建筑法》，其余的相关标准多以国家各部门签署的文件内容下发，如图4-3所示。

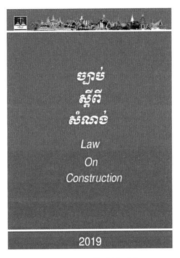

图4-3　柬埔寨《建筑法》图示

中国工程建设标准在本项目应用遇到的主要问题包括：①语言障碍，当地英语比较普及，短时期内中文超越英语成为当地第二大主流语言较为困难，使得中国标准的推广受到限制。②采用中国标准建造标志性建筑较少，调研当前柬埔寨国家的标志性建筑，当地民众对采用中国标准的建筑熟知度较低。柬埔寨是世界上接受其他国援助较多的国家之一，进入20世纪80年代后，主要受到美国、日本、韩国等国家的援助，近几年中国逐渐开拓当地市场，但当前市场美国和日本占主要份额。

同时，调研柬埔寨新机场、柬埔寨金边双子塔等标志性项目发现，采用中国标准对项目投标报价、进度管控都有明显的优势，尤其对私营业主而言，重点关注投标报价和工期进度，采用中国标准优势突出。在同等条件下，项目的质量管理和安全管控方法受到当地业主的青睐，因此，近几年中国的建筑企业在当地市场的份额呈现明显的增长。

4.1.4　中国标准应用的特点和亮点

援柬埔寨国家体育场造型独特、结构新颖、复杂多变。如图4-4所示，两座99m高

（a）效果图

（b）索塔细部图

图4-4　项目结构示意图

"人"字形三维空间变曲面索塔南北对称耸立，采用变截面、变曲率设计，自由高度超高，空间异形，施工难度极大；70根多倾角高悬臂环柱在67°～79°间外倾；环梁高度在26～39.9m，沿环柱顶部双曲变化；屋盖体系为斜拉柔性索桁罩棚结构，由斜拉索、背索、索桁架、环索及稳定索等组成，上覆PTFE膜。中国建筑专家团队进行施工模拟计算300余次，花费约一年时间完成方案论证，攻克世界首例99m超高"人"字形双向倾斜空间变曲面清水混凝土索塔结构施工难题，攻克了索桁罩棚结构施工难题，经鉴定达到国际领先水平。

亮点一：基于中国标准的"人"字形索塔结构施工

在"人"字形三维曲面清水混凝土索塔施工方面，"人"字形索塔为空间变曲面结构，对于索塔配模及架体选型提出较高要求。项目实施团队联合国内专家团队，多次组织专题会议，在模板体系设计方面，根据《建筑施工模板安全技术规范》JGJ 162-2008，按施工段1:1实物模拟现场施工，预演施工过程中可能出现的问题，制订相应的解决措施，设计"造型木+工字木梁+槽钢背楞"的模板体系，解决异形曲面结构混凝土成型技术难题，如图4-5所示。在架体操作平台体系设计方面，依据《液压爬升模板技术标准》JGJ/T 195-2018设计实施三段式模架体系，标高26.4m以下采用落地脚手架施工，26.4～77.5m以上采用爬架+挂架的造塔平台施工，77.5m以上采用定型悬挑架平台的模架体系，顺利解决了超高异形结构架体选型难题，如图4-6所示。项目索塔结构顺利实施，为柬埔寨当地提供了超高异形混凝土结构施工方法及经验。

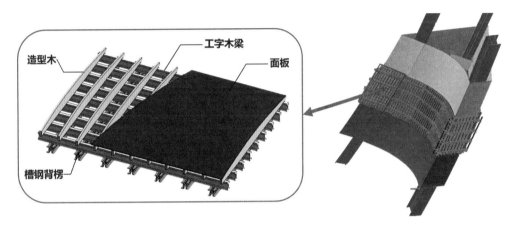

图4-5　模板体系

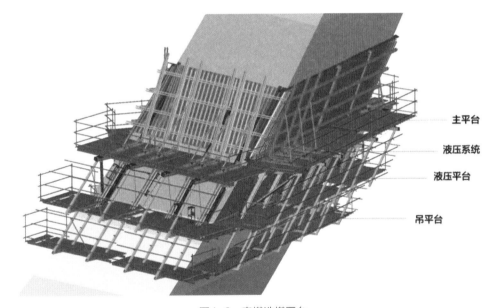

图4-6　索塔造塔平台

亮点二：基于中国标准的斜拉柔性索桁罩棚体系施工

屋面罩棚采用斜拉柔性索桁结构，上覆PTFE膜材，通过南北索塔连接的斜拉索，吊起东西两侧的月牙形罩棚，并在索塔后方设置背索，最大悬挑跨度65m，悬挑端最高为50.5m，罩棚南北跨度约278m，东西跨度约270m。每侧月牙罩棚由18榀索桁架、1道内环索、3道竖向交叉稳定索、1道下弦稳定索以及1道谷索组成，是一种新型索杆张拉结构形式，如图4-7所示。

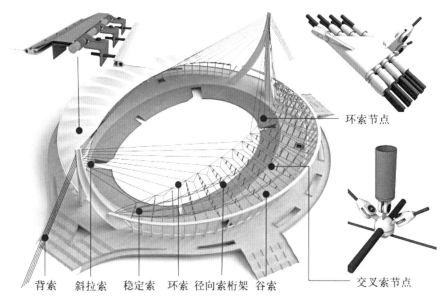

图4-7　斜拉柔性索桁结构

索结构造型新颖，在国内外未见先例，跨度大，悬挑大且为柔性结构是项目索膜罩棚显著特点。支承屋盖体系的索塔和环梁环柱结构属于刚性结构，屋盖索体在张拉过程中，会对索塔和环梁环柱的位移和内力产生较大影响，如何保证张拉过程主体结构变形在允许范围内，是整个项目施工过程的重中之重。项目通过与浙江大学空间结构研究中心合作开展1：15仿真模型试验，通过有限元模型计算分析，对拉索施工进行全过程仿真计算分析，得到各施工工况的拉索索力、结构位移、工装索长度。通过创新斜拉索提升工装布置位置，降低索结构张拉施工难度，顺利完成索结构张拉就位，索结构成型效果达到设计要求，如图4-8所示。

索结构施工过程采用了《索结构技术规程》JGJ 257-2012、《空间网格结构技术规程》JGJ 7-2010等中国标准，斜拉柔性索桁结构的顺利实施，填补了柬埔寨地区复杂

图4-8　基于1：15仿真试验模型确定索结构最优张拉方案

索桁结构施工的空白，对当地索桁结构设计及施工提供了专业的参考标准，如图4-9、图4-10所示。

此外体育场采用金属幕墙，将柬埔寨国花隆都花元素运用其中，通过控制变换穿孔率展现造型效果，实现中国建造与柬埔寨文化的深度融合，如图4-11所示。幕墙安装过程中，项目克服最高39.9m、最小倾角67°的复杂施工环境，巧借属地特殊的气候环境，采用开放式穿孔设计，最大限度地保证了室内外空气的流动性，将给观众带来舒适的观赛体验。安装期间，合计张拉876根拉索，使用3808个支撑杆、11752个连接件、15560个爪件，铺设20000m²铝镁锰合金穿孔板，共同构建轻量与简约的索网式幕墙体系。

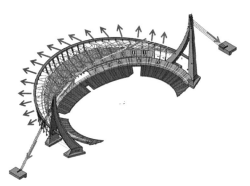
图4-9　主动张拉索控制索成型过程

图4-10　索结构成型效果

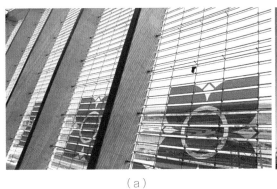
（a）

（b）

图4-11　幕墙设计与施工

4.1.5 经验和启示

柬埔寨当地法规限制较少，正规流程欠缺，不确定性较强。当地无明确施工质量标准，一般由业主单独确定。中国企业有机会推广已有的标准化流程，但仍需注意与当地实践的兼容性。随着中国在国际的影响力逐渐扩大，中国制造、中国智造的产品在海外市场也凸显出价格更优、品质更好的优势，有利于中国标准的推广应用。在本项目施工阶段，外方对清水混凝土索塔、斜拉柔性索桁架膜结构体系的建造技术给予了高度评价，也受到了当地人民的青睐。项目的整体建造水平受到了当地政府部门和民众的一致认可，尤其膜结构施工完成后，当地建筑设计事务所到现场参观学习者众多，咨询相关设计标准的选用和施工验收的标准等内容较多，这也说明当地正在逐渐学习中国的工程建设标准。

4.2 实践案例——援加蓬体育场项目

4.2.1 项目概况

（1）项目名称：援加蓬体育场项目；

（2）项目所在地：加蓬共和国首都利伯维尔；

（3）项目投资形式：中国政府无偿援助资金；

（4）项目规模：占地面积33.05公顷，建筑面积36475m²，容纳观众4万余人；

（5）项目起止时间：2010年1月23日～2011年10月31日；

（6）结构类型：现浇钢筋混凝土框架结构，大跨度钢结构屋盖；

（7）建设方：中华人民共和国商务部；

（8）咨询单位：加蓬国家重大工程局（ANGT）；

（9）设计单位：中铁工程设计咨询集团有限公司；

（10）监理单位：沈阳市工程监理咨询有限公司；

（11）总承包单位：上海建工集团股份有限公司。

4.2.2 工程概况

援加蓬体育场位于该国首都利伯维尔，属大型综合体育场，占地面积33.05公顷，建筑面积36475m²，可容纳观众4万余人，设有四座看台，其中东西两座看台设有大型钢结构罩棚。其他单体建筑还包括：售票室7座，手球、网球、排球、篮球场地各1块，足球训练场1块及附属用房1座，合同总造价4.19亿元人民币。

援加蓬体育场是当年中国政府援助中非地区最大规模的成套项目，是中加两国友好合作关系的标志性建筑，如图4-12所示。本体育场为2012年第28届非洲杯足球赛的主会场，期间承办了9场重要赛事以及决赛和闭幕式，30多位国家元首和国际组织代表出席观看，参赛国和国际各大媒体盛赞该体育场品质一流。本项目荣获2013年中国建设工程鲁班奖（境外工程）。

图4-12 项目效果图

4.2.3 中国标准应用的整体情况

加蓬当地工程建设相关法律法规主要包括《加蓬共和国建筑法》《加蓬共和国建设工程质量管理条例》《加蓬共和国建设工程安全生产管理条例》《加蓬共和国环境保护法》等。受历史和文化影响，加蓬工程建设标准基本参照和采用欧洲标准，如果采用其他标准设计的项目，需要经过当地相关建设部门审批通过后，方可开始施工并最终通过验收。

本项目全部采用中国建筑设计标准和施工规范、验收规范。在项目实施过程中，中方设计单位代表和总承包的现场工程师与加方的现场代表对施工图纸和材料设备选型的标准进行多次沟通，最终达到在施工工艺、使用习惯、设备采购等方面都达到当地能够接受的要求。

本项目从中国采购的主要材料及设备包括：①结构用钢筋全部由中国采购，执行中国标准，通过海运方式运抵现场；②屋架钢结构及防腐涂料全部采用中国标准，从中国采购加工后，分段运输到现场进行拼装、吊装就位；③屋面金属板采用中国产铝镁锰板，从中国采购卷材发运到现场，现场根据长度需要压制加工后安装到位；④高低压配电柜、发电机组、变压器、空调机组、水泵、电梯等主要机电设备采用中国标准生产，并由中国生产后运输到项目所在国；⑤装饰材料全部为中国产品，通过建筑师选样审批后，报业主咨询工程师确认，再由国内采购发运，现场安装施工。

4.2.4 中国标准应用的特点和亮点

亮点一：采用中国技术成功建造当时非洲最大跨度的钢结构罩棚

本工程体育场东、西看台设钢结构罩棚，南、北为露天看台，不设罩棚。钢结构罩棚分别由钢结构大拱架（钢拱）、外圈环形桁架（边环梁）、V形支承柱和螺栓球节点网架组成，如图4-13所示。

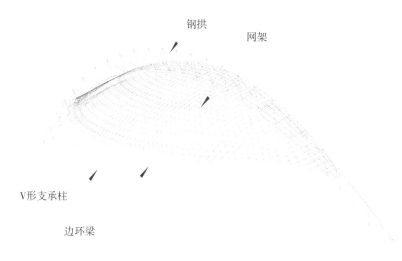

（a）模型图

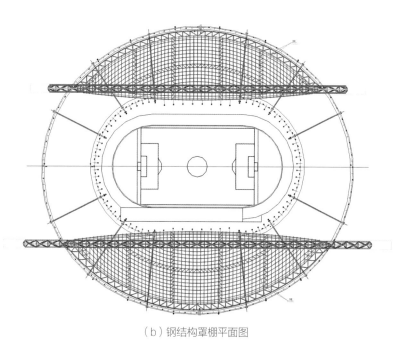

（b）钢结构罩棚平面图

图4-13　钢结构罩棚示意图

罩棚工程施工难点：①主拱跨度大，其中西看台跨度约320m，东看台跨度约270m，是当时非洲之最；结构体量较大，总用钢量约4500t；单构件截面大，最大直径为1m；结构最大高度63.2m，高空作业风险大。②结构为管桁架、网架空间体系，构件数量多，节点复杂，制作难度大；空间体系节点定位难度大；整体结构的安装精度质量控制要求高。③当地不具备大型起重设备，单体构件重量不宜太大，在现场焊接钢管相贯线的量非常大，高空焊接、厚壁钢管焊接更加大了焊接难度。

针对罩棚工程施工难点制定了解决方案：①构件在国内按已经批准的深化设计图纸分段加工，大构件散件发运，零星构件集装箱发运。②机械设备采用一台100t履带式起重机及75t、50t各一台汽车式起重机配合构件卸车、分类、场内驳运和结构拼装施工。③钢拱及边环梁主要采用在楼（地）面搭设胎架，在胎架上拼装成型，再采用液压提升设备整体提升的工艺，网架则基本采用高空散拼工艺。屋面板现场轧制，纵向无接缝，确保防水。④构件厚度大，现场的一级焊缝采用二氧化碳气体保护焊，其他部位采用焊条焊接。施工现场如图4-14、图4-15所示。

（a）东看台钢拱整体提升　　　　　　　（b）西看台钢拱和边环梁整体提升

图4-14　罩棚钢结构施工

图4-15　球节点网架高空拼装

通过采用在近地面拼装焊接钢拱中间2/3段和环梁全段，再整体提升到位，主拱与边跨合拢，环梁与主拱合拢，高空拼装部分网架，最后落架使钢结构完全自行受力的先进技术方案，同时在提升过程中，采用现代化的监测手段对钢结构提升和落架过程进行监测，监测提升架的稳定性和变形情况以及拱的变形情况，整个罩棚结构施工过程及完成后始终处于稳定安全状态，工程进度和质量完全满足要求。本钢结构罩棚施工中采用了以下几项新技术：立体测量控制技术、超大型液压同步提升技术、厚板焊接技术、网架高空拼装技术和结构安全监测技术。

亮点二：中国工程建设标准体系创造中国建造速度

项目原定于2009年6月底开工，但因一些意外因素导致项目开工日期顺延至2010年1月23日。后因加蓬政府要求将本项目用于2012年2月举办非洲杯的决赛和闭幕式主会场，原合同24个月工期需要压缩到21个月内完成，还需充分考虑采取措施减少雨期对施工带来的不利影响。在强大的中国标准体系支撑下，经过精心组织安排，我方采取有效技术措施，增加投入，最终在规定时间内完成建设。

本项目是加蓬政府重点工程，总统府聘请加蓬国家重大工程局（ANGT）代表政府对项目进行监管，由于咨询单位大部分是法国和美国专家，他们对中国标准了解不多，因此要求足球场草坪由他们直接指挥实施，但体育场草坪质量达不到足联要求的标准。后听取我方建议，调整了工艺，最终达到了良好效果。至此加蓬国家重大工程局对我们后续工程建设给予很大支持，这是一种认可和信任。

亮点三：中国标准和国际标准融合推广

大型体育设施如体育场、足球场等需要满足国际足联、田联等要求，其建设标准已经趋于国际化。体育场的使用功能中足球场的照明是非常重要的一个系统，根据承办赛事的等级不同，对于球场照度的要求也不相同。本项目最初的设计其照度不需要满足高清转播的高等级要求。而2011年初本体育场被加蓬政府确定为第28届非洲杯的主会场，必须满足FIFA国际足联五级照度的要求。为此在原来设计的基础上，中方设计和施工专家与外方业主代表将体育场根据照度模型划分区域，然后根据划分的区域测得实际照度值，最终得出各类参数，在原有设计基础上增加了照明设备、调整了照明布置，最终项目照明通过了FIFA验收。

4.2.5 经验和启示

从技术角度看，我国工程建设标准的技术水平与国际标准和国外先进标准比较接近，在国内已经广泛应用在超高层、深基础、大跨度结构、高速公路、隧道、码头、桥梁、大型构筑物等方面。然而要走向国际化，必须经历一个发展过程，对外援助和投资项目是实现我国工程建设标准国际化的有效途径。此外，中国的建设者在设计、施工、投资方面也有较大优势。

从企业标准"走出去"入手带动工程建设标准"走出去"，是实现我国标准国际化的有效途径。由于企业标准受我国标准体制约束较小，可在标准编写格式、语言表达方式、引用标准方式等方面保持较大的自由度，因而形式和内容上更容易接近国际标准，便于国际上用户的评估和采用，可以首先取得在国际市场上的突破。另外，依靠企业实力，以企业标准带动我国标准"走出去"，可降低国外市场对我国标准的排斥程度，起到潜移默化的效果。

掌握国外标准资源有利于跟踪国际标准和国外先进标准，提高我国标准技术水平，是实施标准国际化战略的重要内容。为有效掌握国外标准资源，建议政府或者行业协会建立国外建设标准信息库。信息库实行统一管理，利用信息化手段确保获得国外标准信息的准确性、系统性和及时性，最大限度地满足国际化发展需要，同时也避免了在购置国外标准上的分散投入和重复投入。

4.3 实践案例——援赞比亚国际会议中心项目

4.3.1 项目概况

（1）项目名称：援赞比亚国际会议中心项目；

（2）项目所在地：赞比亚首都卢萨卡市；

（3）项目所在领域：房屋建筑工程领域；

（4）项目投资形式：中国政府无偿援助；

（5）项目规模：建筑面积23950m^2；

（6）项目起止时间：2019年2月~2022年2月；

（7）结构类型：现浇混凝土框架结构；

（8）建设方：中华人民共和国商务部；

（9）咨询单位：华建集团上海建筑设计研究院有限公司；

（10）设计单位：华建集团上海建筑设计研究院有限公司；

（11）监理单位：广州穗科建设管理有限公司；

（12）总承包单位：中国江苏国际经济技术合作集团有限公司。

4.3.2 工程概况

援赞比亚国际会议中心项目，既是中赞传统友谊的体现，也标志着中非合作论坛北京峰会重点合作项目在赞比亚成功落地。项目建成后，不仅使赞比亚拥有现代化的一流基础设施用于承办2022年非盟峰会，还将提升赞比亚的会展能力和国家形象。这是华建集团继1975年承担援赞比亚共和国党部大楼项目之后，时隔40余年再次为赞比亚的国家地标项目贡献中国设计。

本项目位于赞比亚首都卢萨卡市，总建筑面积23950m²，建设内容包括：一个2500人座会议大厅，一个1000人座宴会厅（多功能厅），15个40人座分组会议厅，5个贵宾室，办公区、新闻中心、紧急医疗中心、服务区和迎宾区，以及动力中心、广场、道路、停车场等附属设施，如图4-16所示。项目建成后将成为仅次于非盟总部的非洲第二大会展中心。

新建国际会议中心位于1971年建成的穆隆古希国际会议中心用地院内的西南侧，总占地面积6.3公顷，项目效果如图4-17所示。国际会议中心主体建筑设置在场地正中，

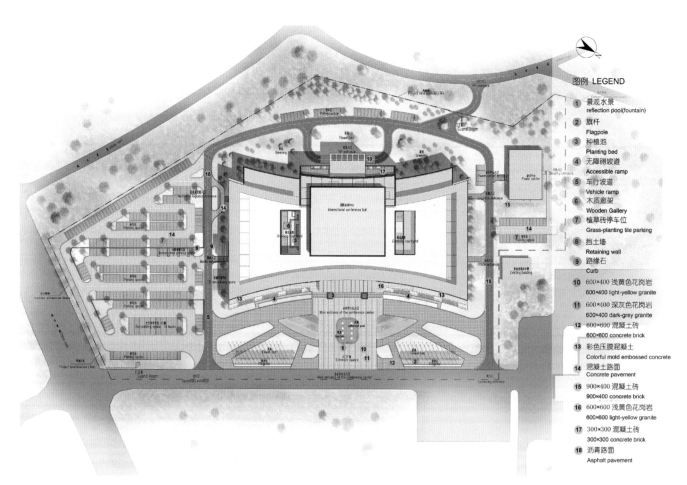

图4-16 设计总平面图

图4-17 项目效果图

形体切合场地及穆隆古希国际会议中心方向，建筑主入口和广场朝向场地东侧，南侧布置停车场，北侧设置动力中心，建筑四周设置环形消防车道，满足消防设计要求。场地主入口设置大型庄重的入口广场，广场中央设置景观花池，两侧各布置一排旗杆组和景观水池，形成庄严的建筑前广场空间。与会人员经由入口广场的大台阶，上达室外露台，进入会议中心门厅。

国际会议中心形体设计上仿鹰击长空之拼劲与率性，往两侧上升的态势，犹如展翅高飞的雄鹰，也寓意赞比亚人民张开双臂欢迎八方来客，喻示腾飞和合作的美好愿望。主会议厅室内吊顶如一朵盛开的花瓣，象征着美好与和平。花蕊设计为穹顶形白色明灯，花瓣舒展，每一瓣的脊线结合灯带设计，形成天然的照明纹路。整体美观且富有诗意，如图4-18所示。

4.3.3 中国标准应用的整体情况

赞比亚国家没有本国建筑设计规范，当地多采用英国标准进行建筑设计，本项目设计按中国工程建设标准执行。我国规范和英国标准各有侧重，经过我方工程师现场考察并和赞方确认，本项目完全使用中国标准进行设计。我国会议中心建筑的设计和建造技术已经相当成熟，国内各式会议中心项目也曾承办各类国际、国内顶级会议，会议建筑的设计、施工和管理均已储备了丰富的经验，本项目已按照中国标准并考虑当地的习惯做法和气候条件进行设计施工，赞比亚方对中方的建设质量和建成效果给予了充分肯定（图4-19）。

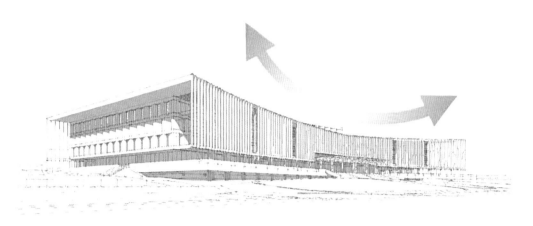

（a）外观设计

（b）主会议厅设计

（c）主会议厅吊顶设计

图4-18　会议中心

图4-19　项目实景图

4.3.4 中国标准应用的特点和亮点

会议系统设计方面，根据中国建筑设计通则及剧场建筑设计相应规范要求，组织高效舒适的会议厅堂布置方案、并进行专业的声学模拟、BIM模拟与会议系统组织，保证高质量国际性会议的开设需求。

材料选择方面，赞比亚当地水泥有强制性规范，中国标准生产水泥既满足中国规范也满足当地规范，且按中国标准生产的水泥在水泥凝结时间、安定性、强度稳定性、碱含量、氯离子含量等方面均优于仅按当地规范生产的水泥。砌块在赞比亚无标准，非承重砖，当地施工单位按中国标准生产的混凝土空心砌块质量有保证，强度能达到MU5.0以上。钢材生产执行标准为英国标准，含碳量较高，钢材标准与中国国标不同，应用到援外工程需要进行换算。按援建项目要求，配电柜、配电箱等电气设备规格需满足IEC标准，可以选用电压及各项性能指标均满足要求的中国产品。项目现场如图4-20所示。

图4-20　项目现场图片

会议中心室内温度控制方面，以中国标准为基础，结合当地实际和国际相关标准确定当地室外空调气象参数。按照国内标准，国家认可的负荷计算软件数据库内无直接可以采用空调室外计算参数，通过实地考察，走访当地气象部分，获取当地气象站历年的气象参数，收集赞比亚气象部门提供的卢萨卡市机场附近气象台近30年的月最高温度、月最低温度和相对湿度等数据。根据《民用建筑供暖通风与空气调节设计规范》GB 50736-2012中的室外空气计算温度简化方法计算公式，确定空调室外计算干球温度，空调室外计算湿球温度，空调室外计算相对湿度。空调负荷逐时计算数据难以获得，通过查找美国ASHREAE HANDBOOK FUNDAMENTALS-2017获得相近纬度地区的太阳辐射数据作为参考。

4.3.5 经验和启示

在设计规范和习惯做法方面，目前赞比亚方没有对我国援建项目提出必须符合赞比亚当地技术规范及标准的要求。本项目在会谈纪要中明确，执行中国国家、行业现行建筑设计法规、规范及规定。在合理使用中国工程建设标准的基础上，充分结合赞比亚当地实际情况使建设项目具有地域性，符合当地人的使用习惯和要求。

赞比亚是内陆国家，进出口货物运输依赖邻国港口，再陆路转运至本国，本项目从国内采购工程材料、设备运输到项目现场，一般采用集装箱海陆联运方式，施工单位在组织材料设备的采购时，应充分考虑其海运与陆运周期，并进行经济比较，合理安排采购计划。建筑设备为中国生产时，应提供中英文双语说明，方便后期检修维护。

4.4 实践案例——马达加斯加国家体育场改扩建项目

4.4.1 项目概况

（1）项目名称：马达加斯加国家体育场改扩建项目；

（2）项目所在地：马达加斯加首都塔那那利佛市中心；

（3）项目规模：4万座，占地面积13万m²；

（4）项目起止时间：2020年1月21日～2021年7月20日；

（5）结构类型：桩基承台、框架-少墙结构；

（6）建设方：马达加斯加共和国总统府；

（7）咨询单位：济南中建建筑设计院有限公司，马达加斯加国家公共工程试验室；

（8）设计单位：悉地（北京）国际建筑设计顾问有限公司；

（9）总承包单位：中国建筑第八工程局有限公司。

4.4.2 工程概况

马达加斯加位于非洲大陆东南部的海岛上，属于印度洋岛国。项目位于马达加斯加首都塔那那利佛市中心，地处高原群山中的盆地，海拔约1300m。本项目采用EPC总承包模式，为旧体育场拆改、扩建工程，合同金额7738.7万美元（约合5.5亿元人民币），分为两阶段实施。项目占地面积约13万m²，主体育场达4万人座，并有足球训练场、篮球场、商业等一系列配套设施，满足FIFA标准，为马达加斯加最高标准的体育场馆。本项目是马达加斯加有史以来最大的体育场项目，如图4-21所示。

图4-21 马达加斯加国家体育场效果图

4.4.3 中国标准应用的特点和亮点

马达加斯加国家体育场改扩建项目受周围多个山脉、湖泊影响，场地内地质情况变化较大，地质条件复杂。当地房屋建筑设计往往采用摩擦桩，本项目原设计桩基采用摩擦桩，平均桩长35m，工程量大，工期长。后参照我国《建筑地基基础设计规范》GB 50007-2011、《建筑桩基技术规范》JGJ 94-2008、《高层建筑岩土工程勘察标准》JGJ/T

72-2017等，研究采用中国标准中岩土参数经验值，优化设计为端承桩、端承摩擦桩，优化后平均桩长20m，大幅度减少了工程量，节约成本上千万元人民币，加快了施工进度，取得了良好的效益。桩基施工如图4-22所示。

马达加斯加体育场主看台为超长结构，其中西看台结构平面最大尺寸约189m×55m，按法国标准及马达加斯加相关规定应设置伸缩缝，纵横间距不超过25m。如果严格执行此规定，将会影响建筑功能，对立面效果产生影响，并且长期使用存在漏水隐患。后引用《混凝土结构设计规范》GB 50010-2010（2015年版）、《大体积混凝土施工标准》GB 50496-2018、《建筑结构荷载规范》GB 50009-2012等，列举国内诸多体育场超长结构无缝设计施工案例，与马达加斯加方沟通，并对温度、收缩、徐变等非荷载作用进行分析，同时进行施工、使用全生命周期模拟分析，成功说服马达加斯加方在超长结构上采用无缝设计方案。保证了建筑功能的完整实现，大大简化了施工，避免了建筑长期使用的漏水隐患。这也是马达加斯加首次在超长结构上采用无伸缩缝设计和施工方案，在当地建筑业引起强烈反响，用实例向马达加斯加方展示了中国标准的科学性、先进性、完整性，如图4-23所示。

本项目钢结构为大跨度竖向空间网架结构，马达加斯加没有类似的工程经验，缺少对应的规范、原材料及施工经验。项目采用中国标准生产的无缝钢管，按《建筑结构荷载规范》GB 50009-2012、《钢结构设计标准》GB 50017-2017、《高层民用建筑钢结构技术规程》JGJ 99-2015、《建筑抗震设计规范》GB 50011-2010（2016年版）、《结构用

（a）

（b）

图4-22　桩基施工

图4-23　马达加斯加国家体育场实景图

无缝钢管》GB/T 8162-2018等进行设计、施工，较好地解决了钢结构设计施工问题。项目钢结构的顺利实施，也为当地提供了大体量钢结构设计、施工经验。

4.4.4 经验和启示

通过本项目的实施，总结了推进中国工程建设标准国际化的经验，主要包括以下几个方面：

通过"中国设计"引领走出国门，为业主在前期立项阶段提供更多的服务，能够向业主更多地展示中国标准的优点，有利于中国工程建设标准的推广应用。

从项目的立项时的概念设计招标开始，向业主展示一个符合中国标准、建筑美观、结构坚固、造价更合理的设计方案，使得业主从视觉和造价的角度认识中国标准，并逐渐接受中国标准。有了设计层次对标准的接受，对于材料和施工标准的接受就顺理成章。

在项目设计方案确定后，推荐使用中国标准面临较多困难。如果项目在前期立项、投资估算及建筑、结构的概念设计阶段基本都是采用当地标准或欧美标准，中国企业在商谈EPC总承包合同时要改变项目采用的标准体系，会使业主及管理公司等相关方难以评估其中的风险。在这个阶段除了少量的专业工程或材料业主会接受采用中国标准，整体替换标准体系概率较小。

此外，有许多中国产品在质量和性能方面具有优势，但也有不少材料和设备使用感受不好或者耐久性不强，对于工程上功能比较重要的部位，业主选择中国材料、设备等产品的概率小一些。因此，提升材料、设备质量及品牌国际认可度，有利于推动中国工程建设标准国际化工作。

4.5 实践案例——援突尼斯外交培训学院项目

4.5.1 项目概况

（1）项目名称：援突尼斯外交培训学院项目；

（2）项目所在地：突尼斯共和国突尼斯市；

（3）项目所在领域：房屋建筑工程；

（4）项目投资形式：中国政府无偿援助；

（5）项目规模：建筑面积约1.2万m²；

（6）项目起止时间：2019年6月～2021年6月；

（7）结构类型：框架结构；

（8）建设方：商务部国际经济合作事务局；

（9）咨询单位：华建集团上海华建工程建设咨询有限公司；

（10）设计单位：华建集团华东建筑设计研究院有限公司；

（11）监理单位：华建集团上海华建工程建设咨询有限公司；

（12）总承包单位：中国土木工程集团有限公司。

4.5.2 工程概况

中国政府援突尼斯外交培训学院项目是2018年中非合作论坛北京峰会"八大行动"的重点项目，是中突高质量共建"一带一路"旗舰工程。项目建设地点位于突尼斯共和国突尼斯市，建设用地面积约15905m²，总建筑面积12694m²，其中地上建筑面积8295m²，地下建筑面积4399m²。主要建设内容包括：标准教室、阶梯教室、电脑教室、语音教室、学术报告厅、图书和多媒体阅览用房、配套的行政办公用房、餐饮服务用房以及教师休息室。其他建设内容包括门卫用房、对外接待室、广场、道路、停车场和围墙等附属设施。该建筑主要为突尼斯外交部各级官员、各部门外事以及其他国际组织工作人员提供培训场所。

本项目建设将极大改善突尼斯外交培训学院的基础设施条件，满足突尼斯外交部对外交人员以及其他从事涉外工作人员的各类培训需求，促进突尼斯外交及涉外工作的发展，提升相关人员的职业水平，如图4-24所示。

4.5.3 中国标准应用的整体情况

本项目是中国政府援助项目，合同规定项目设计应坚持将中国工程设计规范和技术标准与受援国当地实际相结合，对于中国强制性规范和标准中明显脱离受援国社会经济发展水平的超前技术要求，以及涉及舒适性和经济性内容（包括强制性条文）仅供优先选择，不应强制推行。与受援国当地市政配套的设计（包括供水、供电、通信、消防等），与受援国当地自然条件相结合的设计（如防水、防侵蚀等），涉及当地建设法规、职业安全和环境保护等强制性要求的设计，以及其他涉及舒适性、经济性及使用便利性的内容，应当切实尊重受援国意愿，在充分调研和论证可行的基础上，优先选用受援国当地通用规范或习惯做法。例如，坐便器排水管全部为后出水型，采用不降板的同层排水系统。根据宗教习惯，坐便器旁应设专用冲洗龙头，公共卫生间小便器、洗手盆设置手动自闭式压力冲洗装置，卫生器具均采用节水型，室外消火栓、水泵接合器等设备采

（a）项目效果图

（b）模型照片

（c）项目效果图

图4-24 项目全景

用法国制式，照明灯具、开关插座按当地标准选用。

本项目须按照援外项目指导手册、合同规定，履行采购前设计确认、封样、商检、发运审核和入场签认程序。其中在采购前，工程总承包企业须按《主要设备材料技术规范书》《采购前设计确认清单》的规定，采购前设计审核、确认、封样程序，以审核、确认拟采购的材料设备的档次、规格和技术参数等是否符合规定。而对于经审核符合要求的设备材料，在发运前还需办理援外物资检验、产地检验和口岸查验手续。本项目中，钢筋及型钢从中国采购，在国内做好抽样检验，满足中国相应检验标准。钢结构现场拼装如图4-25所示。

图4-25 钢结构现场拼装

4.5.4 中国标准应用的特点和亮点

本项目在设计过程中，执行中国规范、标准，结合了当地使用习惯做法，并满足当地有关建筑强制标准。突尼斯方外审部门对我国设计标准、施工标准均给予认可，并接受中国认证作为衡量工程品质的保证条件。采用我国标准，有利于增强材料质量以及预算的可控性，以及对未来使用过程中的预判性。

建筑结构方面，突尼斯当地建筑以多层为主，学校、办公、住宅均为1~4层，多采用小柱网框架结构和砖混结构，如图4-26所示。楼板采用烧结空心砖为竖向承重的单向密肋现浇板，在单向板支撑方向设置楼面梁，在单向板平行的方向设置和板等厚的构造梁，柱截面较小。而本项目基本采用现浇框架结构，如图4-27所示。

图4-26 小柱网框架结构、砖混结构

图4-27 现浇框架结构

建筑抗震设计方面，根据突尼斯方气象局提供的资料，场地所在区域50年设计基准期地震加速度最大值为0.117g，对照我国《建筑抗震设计规范》GB 50011-2010（2016年版）中抗震设防烈度和设计基本地震加速度的对应关系，本项目抗震设防烈度取为7度（0.15g），设计地震分组为第一组。

排烟设施设置方面，当地要求凡是面积大于300m²的房间都需要考虑设置排烟设施，而国内规范是大于50m²的无窗房间以及大于100m²的房间需要考虑。当地规定自然排烟可开启外窗的面积要求是房间面积/200（相当于房间面积乘以0.005），而国内规范的要求是房间面积乘以0.02，可见国内规范严于当地要求。

机械排烟的风量计算，当地按照12次/h的换气次数计算，而国内规范为每平方米面积的排烟量不小于60m³/h，且最小排烟量不小于15000m³/h计算排烟量。可见只有当层高大于5m时，当地要求的排烟量才会大于国内规范，当层高小于等于5m时，国内规范要求的排烟量均大于当地的要求，如图4-28所示。

（a）排烟设施设置　　　　　　　　　（b）自然排烟可开启外窗

软接头
C型边接风管
插式法兰TFD
法兰夹
法兰角
共板法兰风管
角钢法兰风管
风口
加强筋
检查口
勾码（蝶杆卡）
咬骨连接
单平咬口
咬骨连接

（c）机械排烟的风量

图4-28　排烟设施

当楼梯间采用自然排烟时，仅需要在楼梯间顶部或者楼梯间顶层外墙井设可开启面积不小于1m²的下悬窗，并且满足消防联动要求即可。而国内规范要求每5层的可开启面积不小于2m²，且最高部位设置面积不小于1m²的可开启外窗。

4.5.5　经验和启示

突尼斯为典型的地中海气候，尤其是夏季，白天暴晒，高温干旱，水分蒸发很快，在建筑设计和施工方面，需注意气候条件对材料及施工的影响，设计需考虑外墙涂料选用要求，施工时需注意结合气候条件，及时调整施工工艺，保证施工效果。在设计过程中，要考虑宗教因素，充分了解并尊重当地人民生活习惯。本项目设计原则上均以中国工程建设规范和标准为基础，注重与突尼斯当地实际相结合，尊重突尼斯的意愿，在充分考察调研的基础上，优先选用当地习惯做法，有利于中国规范在当地应用。

本项目在实施过程中，应结合当地设备材料生产、供应、检测能力等实际情况，合理安排采购、检测计划，从而保证项目正常实施。应尽可能采用质量较好、当地售后服务可靠且易于保养维修的设备，同时应加强对突尼斯方运营维护人员施工前、施工中和施工后各阶段的培训工作，做好设备维护保养。

4.6 实践案例——印象马六甲歌剧院项目

4.6.1 项目概况

（1）项目名称：印象马六甲歌剧院项目；

（2）项目所在地：马来西亚马六甲；

（3）项目所在领域：公共建筑；

（4）项目投资形式：业主自筹资金，独家议标；

（5）项目规模：建筑面积68796.5m²；

（6）项目起止时间：2016年4月1日～2018年6月13日；

（7）结构类型：主体框架-剪力墙结构，屋面钢桁架；

（8）建设方：印象马六甲私人有限公司；

（9）咨询单位：EC工程咨询私人有限公司；

（10）设计单位：ASIMA建筑师事务所；

（11）监理单位：TDC工程私人有限公司；

（12）总承包单位：中建三局马来西亚公司。

4.6.2 工程概况

印象马六甲歌剧院，作为中马政府唯一见证的旅游文化项目，是中马两国友好邦交的纽带。项目位于马六甲沿海经济带，2016年4月开工，2018年7月投入使用，是"一带一路"沿线第一个交付使用的文旅交流项目。本项目获得马来西亚马六甲州建筑行业发展管理局（Construction Industry Development Board）规范工地、质量优秀奖，以及职业安全与健康部（Department of Occupational Safety and Health）安全文明工地、安环评测二等奖等所在国荣誉，并获得2020年境外工程鲁班奖等国内荣誉，项目效果如图4-29所示。

印象马六甲歌剧院是马来西亚最大的现代化剧院，是东南亚首个拥有360°旋转观众席的剧院，可同时容纳2007名观众观看实景演出。工程由一个高33.6m的演艺中心

图4-29　项目效果图

及行政办公楼、演员公寓楼等相关配套组成，如图4-30所示。项目总建筑面积6.88万m²，造价1.93亿马来西亚林吉特，建筑南北最长距离383m，东西最长距离333m，整体呈四方形，蓝色的勾边配以白色的幕墙，简洁大方，与马六甲海峡的蓝天白云相呼应。

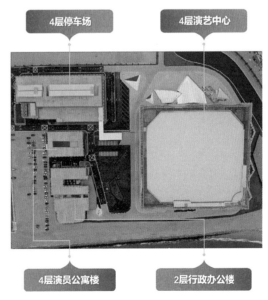

图4-30　项目平面示意图

4.6.3　中国标准应用的整体情况

印象马六甲歌剧院项目为国内设计院进行概念设计，由本地工程师进行结构计算与细部建筑设计，所应用的建筑结构、装饰装修、机电安装等标准，主要为英国标准以及脱胎于英国标准的马来西亚当地标准。此外，本项目存在国际招标采购以及他国分包商的情况，尤其是专业性较强的工程，一般采用设计–施工一体化模式。

印象马六甲歌剧院是为大型实景演出《印象马六甲》量身打造的演出平台，歌剧院所采用的舞美、音响、灯光等工程均由印象系列导演组推荐，为其过往合作过的国内分包，所采用的标准均为中国标准。同时最具特色的360°旋转观众席为马来西亚首例，当地无相关设计标准可供参考，其设计采用了《建筑结构荷载规范》GB 50009-2012、《建筑桩基技术规范》JGJ 94-2008、《钢结构设计规范》GB 50017-2017等国内标准。

在建设过程中，中国标准的应用也遇到了诸多挑战。首先是材料报审，在马来西亚一般材料进场前需进行材料报审，除生产厂家的资质证书和产品介绍资料外，部分工程材料还需报审该材料的使用方法、施工方案等。如果是马来西亚市场上应用较多、性能经过市场检验的属地标准材料，顾问对其性能、安全性等比较有信心，材料报审一般较容易通过，而采用国外标准（中国标准）的材料，顾问可能会再三考虑，延长报审流程。采用中国标准生产的材料一般需要从国内生产加工，海运至马来西亚，环节较多，链条较长，尤其是海运受海况等不可控因素影响较大，可能会对进度产生影响，需要妥善的规划。同时，如果由于保存、使用不善等因素，材料损耗率超标，需要从国内补货周期极长，在材料不能在本地寻找替代品的情况下，对工期有极大影响。

当地工程从业人员大多对英国标准、马来西亚标准之外的标准了解不多。在程序上，如果工程需要使用中国材料，进场前要向马来西亚标准与工业研究所（Standards and Industrial Research Institute of Malaysia）报批，受到认可后方可使用，即马来西亚本地并不直接认可中国标准与认证。如果分包的材料或设备，只有行业内部标准或者公司标准，具有独特专有性或存在不可替代性，必须通过专项会议进行样品验收后，并在过程中进行相关检测才可以正常报审使用。

4.6.4 本项目的工程特点和难点

本项目的工程特点和难点主要包括以下四个方面。

1. 360°旋转观众席施工

360°旋转观众席自重达420t，直径达48m，需承载2007名观众同时旋转以观看不同阶段不同场景的剧幕表演。旋转观众席整体设计须满足抗震性能要求，速度需根据演出需要调节，定位准确，运行平稳。为达到这样的使用要求，项目需要在五环同心轨道上安装1440个M16地脚螺栓预埋件，水平和竖直偏差均要求控制在2mm以内，预埋数量多，要求精度高，为平稳履约带来挑战。项目自主研发了一种多圈环形结构预埋件辅助

（a）

（b）　　　　　　　　　　　　　　　（c）

图4-31　360°旋转观众席施工

定位安装装置，预埋准确迅速，满足施工需求，如图4-31所示。

2. 大跨度屋面钢结构桁架吊装

歌剧院屋面结构为大跨度正交正放桁架结构体系。屋面桁架具有安装高度高、跨度大、构件重的特点，最长主跨桁架长达99m，重量约150.9t，桁架高度最高为7.6m，吊装过程中容易发生结构变形。

项目考虑钢桁架杆件受力复杂，空中散拼精度不易控制，安全隐患大，放弃了传统的"高空拼装，滑移到位"的方法，采取"地面拼装，一次性吊装"的方法，提前进行国际化采购，引进了东南亚唯一一台1250t履带式起重机，进行特长特重钢桁架的一次性吊装，如图4-32所示。

3. 剧院声学要求高

作为剧院工程，对声学要求非常高。而机电设备是主要的噪声源和振动源，控制机电设备引致的噪声和振动是保证声学质量的一个关键。项目在设备选型时选用振动小、

图4-32　大跨度屋面钢结构桁架吊装

噪声低的设备。所有机械设备都将采用减振装置，以减轻设备振动产生的影响。设备出口均装设软接头阻止振动的传播。所有减振装置由专业厂家根据设备的各项参数设计制造，以达到最佳的减振效果。施工完成后进行实地检测、验证。设备机房采用隔声及消声处理，风管上装设高性能消声器。进行科学的设备选型后，剧院声学性能满足要求。

4. 管线复杂设备多

为保证剧院演出舞台效果，建筑安装工程设备多，管线长，6万延长米管道，3万延长米线槽桥架分布在管沟及吊顶中，各种管线纵横交叉较多。我方通过BIM技术进行空间布局模拟，确定各管线位置和施工顺序，既满足了各专业正常使用功能，施工检修方便，又保证了所有管线横平竖直，美观大方，成功解决了空间有限，管线密集难题。

4.6.5 经验与启示

本项目工程优质高效施工得到了马六甲州政府、业主及顾问的一致认可，施工期间先后迎接了40余次的各类视察及参观活动。项目竣工后，包括中央电视台、人民日报社、新华社在内的多家国内媒体，对印象马六甲歌剧院项目进行96次大篇幅报道。同时，印象马六甲歌剧院于2018年7月7日公演以来，累计接待各国游客超过300万人次，并承接了2018年亚洲小姐总决赛，期间印象马六甲歌剧院各项功能均发挥良好，使用单位非常满意，为进一步促进中马两国人民的友好交往和文化交流起到了重要作用，如图4-33、图4-34所示。

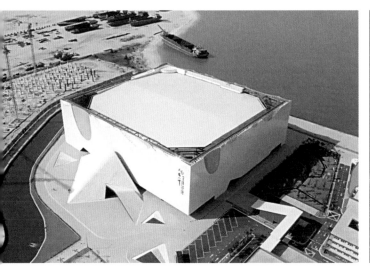

图4-33 项目建设全景

图4-34 剧场观众席

4.7 实践案例——援巴基斯坦巴中友谊中心项目

4.7.1 项目概况

（1）项目名称：援巴基斯坦巴中友谊中心项目；

（2）项目规模：占地面积52642m²，建筑面积21360m²；

（3）项目起止时间：2008年11月26日~2010年8月25日；

（4）投资类型：中国政府对外援助成套项目；

（5）建设单位：中华人民共和国商务部；

（6）设计单位：中国中元国际工程公司；

（7）监理单位：中外建（天利）监理有限公司；

（8）总承包单位：上海建工集团股份有限公司。

4.7.2 工程概况

援巴基斯坦巴中友谊中心项目位于巴基斯坦首都伊斯兰堡，该建筑集会议、展览、演出、住宿、餐饮等多功能于一体，是该国举办大型国际会议和商贸文化交流活动的重要场所。本工程属大型援外项目，结构类型为钢筋混凝土框架及钢网架结构，占地面积52642m²，建筑面积21360m²，地下一层，地上四层，设有818座的报告厅、展示厅、会议室、贵宾室、放映室、舞蹈教室、宾馆和餐厅等，总造价2.4亿元人民币，工程于

图4-35 项目全景图

2008年11月26日开工,2010年8月25日竣工。该工程设计单位为中国中元国际工程公司,由上海建工集团股份有限公司承担该项目的施工任务。本项目荣获2011年中国建设工程鲁班奖(境外工程),如图4-35、图4-36所示。

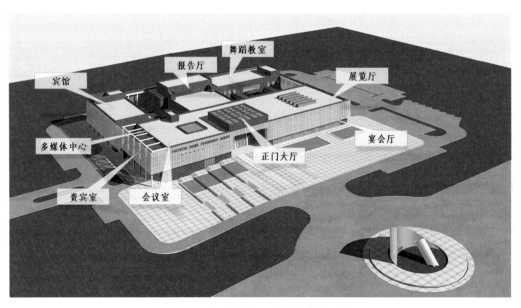

图4-36 援巴基斯坦巴中友谊中心示意图

4.7.3 中国标准应用的整体情况

本项目为中国政府对外援助成套项目，根据两国签署的换文以及设计、施工合同的约定，本项目规划、设计、施工、竣工验收全部采用中国工程建设标准。除少量地材外，其他建筑材料全部采用中国产品，并且符合中国材料标准，如钢筋、结构用钢、金属防腐和防火涂料、装饰材料、防水材料、机电产品、卫生洁具和水电风管材等，由国内采购发运到当地，采购设备及材料与国内项目采购标准基本相同，且所有设备材料均附有出厂合格证明和必要的检测试验报告，唯一差别在于需考虑当地设备维修点及零配件的更换。

本工程推广应用了粗直径钢筋直螺纹机械连接技术、钢结构的防火防腐技术、建筑智能化系统调试技术、大型设备整体安装技术、节能型门窗应用技术和新型防水卷材应用技术等，起到很好的推广与示范作用。

项目施工过程中，中方工程技术人员与巴基斯坦政府派驻现场的工程师，积极交流中国工程建设标准的有关内容。同时聘用大量当地劳动力，有效促进当地就业，通过培训让更多人了解中国工程建设标准，提高了当地工人技术水平，为当地社会做出了积极贡献，如图4-37、图4-38所示。

（a）宴会厅

（b）贵宾厅

（c）金属隔栅板覆盖60%以上外立面

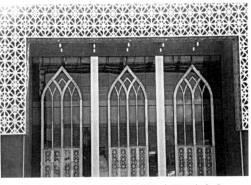

（d）镂空图案由伊斯兰纹样和中国元素合成

图4-37　援巴基斯坦巴中友谊中心

图4-38　巴中友谊中心大门夜景

4.7.4 经验与启示

由于项目主要采用我国建设标准进行设计、施工，对于投标阶段的报价和后期施工中的成本、进度、质量、职业健康和安全等诸多方面均可以进行较好的控制。在施工过程中，经过时间的验证，外方业主和代表对中国认证的产品和标准均表示认可，本项目外方使用单位（巴基斯坦文化部）对本项目采用的中国标准给予较高评价。本项目赢得了两国政府和当地人民的高度赞誉，称赞项目建筑优美、设施完善、是巴中两国兄弟友谊的象征，是中国送给巴基斯坦人民的最好礼物，是两国"全天候"友谊的里程碑。

交通运输建设篇

第5章　机场项目

5.1 实践案例——泰国素万那普机场发展项目

5.1.1 项目概况

（1）项目名称：泰国素万那普机场发展项目；

（2）项目所在地：泰国北榄府Bang Phli县的素万那普机场区域，距离首都曼谷约25km；

（3）项目规模：新航站楼总建筑面积21.6万m²，包括D大厅、南通道、新航站楼（2~4层）三个部分；

（4）项目起止时间：2018年8月31日~2021年2月24日；

（5）结构类型：地下基础形式为桩基础，结构体系为下部主体钢筋混凝土结构，上部屋面钢结构体系；楼层板为后张法预应力无梁板，局部为预制空心板，屋面为大跨度双曲面管桁架结构体系；

（6）建设方：AOT泰国机场建设公司；

（7）监理单位：SCS咨询顾问公司；

（8）设计单位：PMC2联合体（6家）；

（9）联合承包单位：中国建筑泰国公司和泰国Power Line公司联合体；

（10）实施主体：中国建筑第八工程局有限公司，泰国Power Line公司。

5.1.2 工程概况

早在2006年，素万那普国际机场就已投入使用，但随着赴泰游客的不断增多，老机场难以承载泰国旅游业日益旺盛的发展需求。为解决泰国机场容量不足问题，2018年中国建筑第八工程局有限公司承担起泰国素万那普机场扩建工程的土建、钢结构施工及装饰装修任务。

素万那普机场扩建项目是泰国"东部经济走廊"计划以及"泰国4.0"经济战略重

要民生工程之一。在高处俯瞰素万那普机场，新候机楼呈"一"字形，和机场原先呈"双十字"形的候机楼遥相对应，如图5-1所示。新航站楼总建筑面积21.6万m²，包括D大厅、南通道、新航站楼（2~4层）三个部分。两边均匀对称分布共计28个停机位，可容纳客流量将从每年4500万人次增加到6000万人次，有效改善老航站楼客流量压力过大的现状，助力泰国旅游业发展。

（a）项目工程示意图

（b）航站楼效果图

（c）泰国机场实景图

图5-1 泰国素万那普新机场

5.1.3 中国标准应用的整体情况

泰国国家标准主要由泰国工业标准学会（Thai Industrial Standards Institute）制定发布。由于泰国规范大多是对欧洲和美国标准的引用，因此设计、监理单位多采用欧洲标准和美国标准。一般地，工程质量、安全标准依据国际标准，材料依据泰国工业产品标准。本项目土建施工方面，监理、业主验收主要使用SPEC文件（技术规格书）、泰国标准、美国标准及欧洲标准。

泰国当地设计标准、规范相对比较完善，施工标准相对较少且深度不足，我国各项工程标准相对更完善且更新进度远超于泰国标准，使用我国标准更加有利于推进现场实体质量的提升，增强工程管理的水平。因此，为了遵循中国企业内部管理的要求，采用中国标准作为管理控制底线，当地监理并不认可这些规范。泰国素万那普机场采用的施工技术包含中国建筑业十项新技术（2017）中的8项及其23个子分项新技术。这些新技术主要为：自密实混凝土技术、混凝土裂缝控制技术、泵送混凝土配合比参数取值优化技术、高强钢筋直螺纹连接技术、预应力技术、组合铝合金模板施工技术、混凝土叠合楼板技术、预制预应力混凝土构件技术、大体积混凝土施工简化计算方案与软件和直立锁边铝镁锰合金金属屋面系统。项目施工现场如图5-2所示。

图5-2 项目施工现场

5.1.4 中国标准应用的特点和亮点

本项目钢结构工程施工分属联合体中方公司合同范围。其深化设计工作委托国内设计院实施，材料采用国内钢材，大量的一般性构件放在当地加工，大中型或复杂型构件在国内加工，防火试验委托了当地及中国香港某试验室，大型吊装器械依托于当地租赁市场，如图5-3所示。通过缜密的施工组织，很好地完成了项目进度目标。

因为当地政府对地方企业的保护，工程材料要求使用泰国当地企业生产加工产品，因当地加工厂的工效和产能无法满足本工程重型钢结构需要，我方进行过多次申报并提

（a）双曲弯扭桁架制作　　　　　　　　　　　（b）双曲弯扭桁架预拼装

（c）钢屋盖施工　　　　　　　　　　　　　　　（d）登机桥施工

图5-3　钢结构施工

供当地厂商各项指标不能满足本工程要求的证明文件才最终使用了中国制造的钢结构构件。同样，幕墙、金属屋面、内装饰等方面也因为产能等原因使用了部分中国制造或第三国制造材料。

当地常规的建筑设备及材料市场较为成熟，并且较重视产品质量及销售信誉，多数发达国家的先进设备及材料均能进入当地市场，但由于当地的建筑房地产发展速度和规模的限制，一些特殊的大型设备或特种材料主要依靠进口，如本工程施工阶段大型的履带式起重机（260吨位）整个泰国市场供应量极其有限，主体混凝土结构施工阶段模板支撑架由8家供应商同时供货才勉强满足了本工程的进度要求。

泰国建筑业结构建设主要以工具式模架为主，当地模架供应商整体规模偏小，难以在短时间内供给和满足建设所需的支撑体系。泰国素万那普机场项目长1070m，最窄处34m，最宽处74m，属于预应力厚板结构体系；1070m长的预应力厚板结构同时开始施工，对模板支撑体系的要求严格，对模板支撑的需求巨大；业主移交场地的推迟，导致项目初期策划的模板支撑投入无法满足需求，项目几乎搜罗了曼谷地区所有的可用资源，尽思极心寻找满足的材料。EFCO、Coffral、CA三种桌模体系，盘扣体系，快拆体系，门式架体系，扣件式脚手架体系共七种模板支撑体系的应用，让本项目成了模板支撑体系的"展览馆"，如图5-4所示。

素万那普机场扩建项目是泰国第一个全周期应用BIM的工程，履约过程中运用多项

（a）泰国当地桌模

（b）美国EFCO桌模

（c）比利时COFFRAL桌模

（d）日本门式架体

（e）日本盘扣与泰国桌模组合应用

（f）泰国当地桌模与
美国EFCO桌模组合应用

图5-4　七种模板支撑体系应用

科技创新成果，Dynamo、3D扫描、P6、云计算等技术的集成应用，为项目高效推进提供技术支撑，其中BIM技术应用达到LOD500级水平；P6项目管理软件与BIM模型的深度结合实现进度计划的4D管控；三维激光扫描技术应用将D大厅原有结构"实景重现"，全程、全息提取现场尺寸及相关精确参数，保证了既有结构改造工程能够不停航施工。泰国机场BIM模型如图5-5所示。

2018年8月项目开工后，5个月完成土建结构封顶，3个月完成钢结构封顶，2019年1月，主体结构封顶提前65天，钢结构工程提前22天完工，均创造了泰国当地同类机场建设纪录。飞一般的"中国速度"让项目一天一变样，而纪录背后是蕴含在建设过程中的细节里的"中国智慧"。

同时，中国建筑将积累的大量适用技术与当地资源共享，广泛举办各类技术培训班，培养数千名产业工人。并引进泰国属地高端人才，为中泰人才交流和属地管理树立典范。此外，项目建设所需物资，包括混凝土、钢筋、钢结构、装修材料等均在泰国采购，为当地经济发展注入活力。

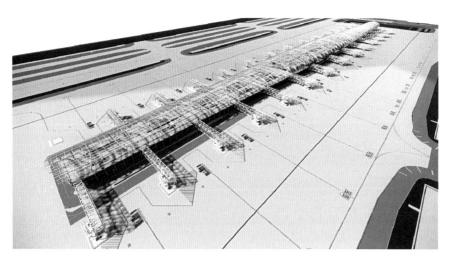

图5-5　泰国机场BIM模型

5.1.5 经验和启示

泰国当地通常使用泰国标准，在实际应用中也会借鉴美国标准和日本标准作为补充。中国标准在国际上认可度还不够。中国标准的国际化推广应用应是从上游开始，从科研、勘察、设计阶段即融入整个项目的各个环节，仅在施工阶段推广应用阻力较大。从具体某一个项目来讲，可以在工程实施过程中，吸取中国标准和泰国标准的长处，从深化设计和施工的角度出发，形成最适合的实施方案，在施工过程中推广应用中国标准。随着中国建筑行业各项标准的不断完善，高速铁路相关标准已经引入泰国，当地民间企业及组织也逐渐认可中国工程建设标准。

5.2 实践案例——萨摩亚法莱奥洛国际机场升级改造项目

5.2.1 项目概况

（1）项目名称：萨摩亚法莱奥洛国际机场升级改造项目；

（2）项目所在地：萨摩亚独立国阿皮亚；

（3）项目投资形式：中国进出口银行优惠贷款项目；

（4）项目起止时间：2015年11月～2018年5月；

（5）结构类型：钢结构；

（6）建设方：萨摩亚独立国；

（7）咨询单位：萨摩亚工程部；

（8）设计单位：华东集团华东建筑设计研究院有限公司；

（9）监理单位：萨摩亚工程部；

（10）总承包单位：上海建工集团股份有限公司。

5.2.2 工程概况

萨摩亚法莱奥洛国际机场升级改造项目是萨摩亚航空发展计划中的一部分，项目业主为萨摩亚政府，使用单位为萨摩亚机场局。该项目为中国进出口银行优惠贷款项目，合同价格为3.4亿元人民币，采用EPC总承包模式。

项目内容包括改扩建航站楼、新建应急和培训中心、维修中心、新建登机桥、停车场等。其中，新航站楼总面积为12573m^2，配备3座登机桥，包括旧航站楼改造5500m^2，新建航站楼7073m^2，新建停车场6000m^2，使得停车场的总面积扩大到19000m^2。另外，还包括室外总体施工和原有排水系统改造。航站楼为2层，建筑高度23.8m，整个航站楼呈矩形，坐北朝南，东西方向长168m，南北方向长51.8m，面向陆侧局部为开放空间，符合当地节能特色。

本次升级改造项目将萨摩亚法莱奥洛国际机场建造成为南太平洋区域最好的国际机场之一，如图5-6所示。被萨摩亚总理誉为"萨摩亚国家艺术"，为实现萨摩亚对外交流、输出当地文化、提升萨摩亚旅游形象做出了很大的贡献。

项目建成后，机场得到当地居民和游客的一致好评，也成为当地的网红打卡点，当地政府给予高度评价，项目被评为年度基础设施工程奖，如图5-7所示。

图5-6　机场平视图

图5-7　项目成为当地网红打卡点

5.2.3 中国标准应用的整体情况

萨摩亚地处南太平洋，是南太平洋最早独立的国家之一，曾作为德国殖民地，后与新西兰、澳大利亚关系紧密，在标准规范上长期使用澳新规范作为参考，近年来通过萨摩亚国家建筑工程规范的制定实施来指导当地的建筑工程符合当地气候环境的要求及特点，如图5-8所示。同时，萨摩亚长期接受包括中国在内的外国援助项目，对我国现行国家标准的接受程度较高。对于中国资金项目一般同意采用中国标准设计施工，但应满足当地的特殊要求。

图5-8　萨摩亚国家建筑工程规范

根据合同规定，本项目按照中华人民共和国国家有关的规范进行设计和施工，同时需要考虑萨摩亚国家建筑工程规范，以及当地建筑使用习惯、气候和环境特点。

项目实施前必须满足当地政府关于环境和职业健康影响的评估，项目实施单位出具环境影响评估报告并通过萨摩亚政府批准。项目施工过程中受萨摩亚工程部按照开工前审批通过的环境评估对项目施工过程环境和职业健康影响进行监督，需要充分注意环境保护，控制噪声和污染物，尽量保护地块内现有树木、建筑和设施，做到让业主满意，周围居民或单位无投诉。萨摩亚缺少必要的市政污水管网，故一般污水需经化粪池沉淀后再做自然渗透处理，沉淀池做定期抽取。

5.2.4 中国标准应用的特点和亮点

亮点一：中国设计与当地文化完美融合

高效舒适、地域性、时代感与标志性是该机场航站楼设计的关键点。设计理念是为萨摩亚提供一个充满地域特色、现代化和标志性的门户机场；为机场和航空公司提供高效、安全的航站楼运营设施；为旅客、机场用户提供一个便利舒适、节能环保的场所。

造型和空间设计概念来源于当地传统建筑"法雷"造型，如图5-9所示。设计采用建筑结构一体化的策略，采用单层网壳结构和金属屋面一体化，立面木色铝板及穿孔板组合构成了简洁大气同时具有很高辨识度的形象。室内钢结构和木色反吊板形成的空间富有节奏，建筑内外统一，整体流畅。整个航站楼建筑在标志性、时代性和地域性三者之间取得了平衡与协调，如图5-10所示。

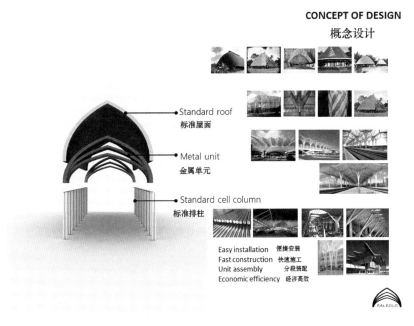

图5-9 法雷设计示意图

图5-10 法雷式屋顶效果图

流线设计以高效快捷地进行旅客集散为理念，可有效地保证旅客进出港的效率，同时提供宜人的候机空间。整个工程分为新建和改建两个部分，一期新建航站楼设计采用一层半式前列式流程设计，出港旅客在一层办理手续后上二层登机，到港旅客在二层下机后至一层提取行李，在二层设有固定登机桥与飞机连接。一层布置旅客迎送厅、出港手续办理区、进港旅客行李提取厅、行李分拣区、远机位候机厅、设备用房、办公用房等功能分区，二层布置候机厅、商业设施及办公用房等功能区。改建部分利用现有结构形式，改造其内部功能，重塑空间，主要改造为共享大厅、进港行李提取大厅、集中办公等区域。平面进出港流线明确且导向性强，提高旅客离港出港的效率。

机场航站楼平面布局与空间要求导致其能源消耗相对比较大，因此绿色节能是航站楼设计要考虑的重要部分，航站楼日常运营成本控制起着非常重要的作用。本设计结合当地气候特点，通过自然通风、采光、遮阳和隔热等适宜的被动技术达到绿色节能的目的。如利用挑檐进行遮阳、采用玻璃百叶达到自然通风、在立面使用具有地域特色的穿孔铝板进行装饰增加通风面积，在满足形象要求的同时增加了自然通风量，如图5-11、图5-12所示。

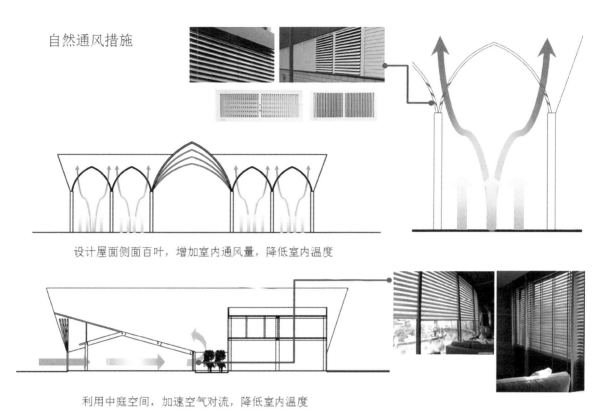

自然通风措施

设计屋面侧面百叶，增加室内通风量，降低室内温度

利用中庭空间，加速空气对流，降低室内温度

图5-11 航站楼自然通风设计原理

图5-12 自然通风的值机区域

亮点二：异型屋盖采用新型钢结构屋面系统

本项目屋面建筑参考当地传统建筑"法雷"的造型，曲面双坡屋面，采用网壳结构外覆铝板。航站楼建筑屋面造型是整个建筑的风格和气质的体现，同时承载着建筑防水保温的重要功能，所以屋面系统施工成功与否关系到整个项目的成败。

目前大型公共建筑采用金属屋面越来越多，金属屋面的施工技术也越来越成熟，但传统金属屋面的防水保温弊端很多，金属屋面保温、防水的做法中保温和防水层往往被大量的屋面金属支座穿透出现冷桥现象，而冷桥现象产生的冷凝水造成钢板穿孔处锈蚀，带来结构危害，同时大量的冷桥降低了整个屋面系统的保温性能。因此，金属支座穿透屋面防水层和保温层，使得整个屋面存在渗水风险并降低保温隔热效果。

本项目研究采用紧密型防水保温体系，无冷桥现象，避免了因冷凝水造成保温材料受潮降低整个屋面系统的保温性能，避免了冷凝水造成钢板及螺钉的锈蚀而产生的结构危害，如图5-13所示。

紧密型防水保温系统的特点为：

（1）紧密型防水保温层区别于传统防水保温层的做法，确保防水层及保温层不会被大量的屋面支座穿透，从而避免了屋面渗漏水现象。

（a）金属承压板与泡沫玻璃保温层

（b）热熔铺贴防水层

（c）固定于保温层的角码

（d）屋面金属板固定在角码上形成整体

图5-13　紧密型防水保温系统

（2）紧密型防水保温层中保温材料泡沫玻璃抗压强度一般可以达到600kPa不变形，并且泡沫玻璃保温层和防水卷材粘结成一个整体，整体刚度明显优于传统型防水保温层。

（3）紧密型防水保温层的泡沫玻璃为纯无机A1级耐火材料，并且熔点高达1000℃，在火灾时不变形且无任何烟雾及有害气体产生，耐火性和稳定性明显优于传统保温材料挤塑板和岩棉。

（4）紧密型防水保温层中防水层热熔铺贴与保温层连接紧密无空腔，其抗风揭性能明显优于有空腔的传统型防水保温层。

项目完成后，屋面系统取得良好保温隔热和防水效果，外形美观大气，耐久性好，该系统具有很好的推广价值。该系统在本项目成功应用后，项目总承包单位积极参编了《泡沫玻璃保温防水紧密型系统应用技术规程》T/CECS 466-2017，并已发布。

亮点三：金属屋面抗风压措施研究

根据当地政府提供的气象资料，当地风压达到了1.85kN/m²，飓风及台风的侵袭使得在国内外大多数机场采用的传统直立锁边金属屋面系统无法使用，巨大的风荷载可能导致风从屋面的外檐处灌入，使整个屋面系统崩溃瓦解。因此，本工程在结合当地巨大风压的前提下，采用了泡沫玻璃直立锁边金属屋面系统抗强台风技术，主要有以下创新构造措施：

（1）在金属盘正中增加螺丝，直接将金属盘固定到基层压型钢板，如图5-14所示。

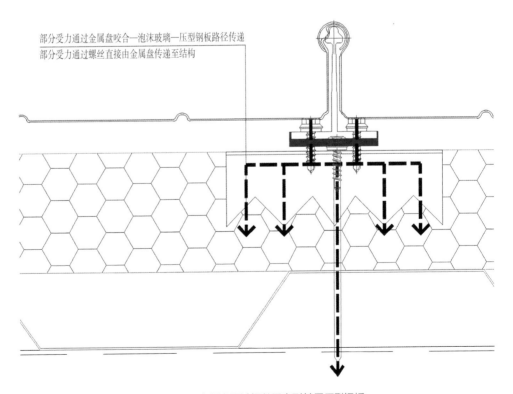

部分受力通过金属盘咬合—泡沫玻璃—压型钢板路径传递
部分受力通过螺丝直接由金属盘传递至结构

图5-14　金属盘通过螺丝固定到基层压型钢板

（2）对边缘金属屋面板进行加固，采用措施包括金属盘加密和增加挡风板。通过当地风压值数据经计算得出：大面金属盘数量：4.3个/m²；屋面外檐口向内2m范围内金属盘数量：8.6个/m²；屋面内任何形状突变/高耸/天沟边缘1m范围内：8.6个/m²。

（3）在金属屋面檐口处增加折边处理，通过泡沫玻璃直立锁边屋面系统从源头上降低风荷载（风揭力）。在设计中通过对檐口处增加折边处理，并用耐候结构胶封堵，防止风从缝隙中进入。

亮点四：施工期间不停航背景下的航站楼设计和施工策略

萨摩亚法莱奥洛国际机场是该国唯一的国际机场，因此如何在保障机场施工同时不影响机场的正常运营，是设计及施工必须考虑并加以解决的首要问题。

（1）设计方面

从总体布局入手，在现有航站楼东侧顺应场地增设新航站楼，使新老航站楼成为一个整体。其次分析现有航站楼的功能布局，现有航站楼依据功能大致可分为离港、到港、公共大厅三个区域。因此，结合不停航新建一个航站楼的要求，将整个工程分为三个步骤，如图5-15所示。第一步在现有航站楼东侧新建包含全部出发功能的新航站楼，第二步改造现有航站楼离港及公共大厅区域为新的到港区域，第三步改造现有航站楼到港区域为新的公共大厅，从而形成完整的新航站楼。

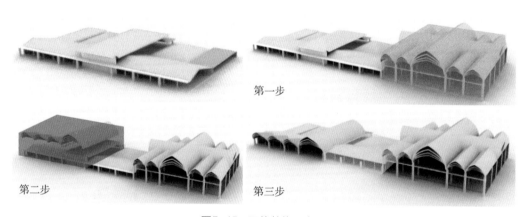

第一步

第二步

第三步

图5-15 不停航施工步骤

（2）施工方面

在施工前进行全面策划模拟。根据多年实施上海浦东国际机场和虹桥国际机场改扩建的不停航施工管理经验，结合本项目特点，编制完整的不停航施工管理方案，并征求专家意见，经批准后实施。

1）给水排水专业

①航站楼一、二层均由采用变频恒压供水系统直接供水，按最不利点水压的要求设定变频恒压供水系统电接点压力表的压力值，同时预留市政给水直接供水的接口，在市

政给水压力满足最不利点用水压力的要求、变频供水泵组不再使用的条件下，市政供水与预留接口采用活接头连接，尽量利用市政管网供水压力直接供水。②采用污废水合流、设置环形通气管、自循环的排水系统。自循环的排水系统有利于解决航站楼内卫生间排水系统的通气问题。③室外设置化粪池接纳航站楼卫生间及经隔油后的厨房排水。结合当地排水的通常做法，化粪池的出水经水泵加压后通过设置在机场空侧砂质土壤渗水区域暗渠内的加压支管渗入地下，以解决机场周边无市政排水管道的问题。④按工程造价及屋面造型合理布置屋面雨水排水立管，并设置重力流排水系统雨水斗的透气管，避免暴雨时受虹吸负压的破坏。

2）消防

①根据机场不同区域的功能及消防扑救的需求设置符合实际的消防系统。如航站楼内设置临时高压的室内消火栓系统、自动喷水灭火系统；室内净高大于12m的出发大厅，设置大空间智能型主动喷水灭火系统；弱电机房、指挥调度中心设置柜式七氟丙烷气体灭火系统；变电所内设置探火管式感温自启动灭火装置、柴油发电机房及油箱间设置水喷雾灭火系统。②对于不连续分区域施工的机场改造工程，消防系统设计中通过室外埋地管道构成机场左右改造区域的环状消防供水系统，并预留中间改造区域的消防供水管道。整体改造完成后，通过关闭阀门，废除室外埋地管道的消防供水功能。③消防供水主管道与钢梁同向并紧贴布置，避免破坏建筑内饰面的连贯性。④采用符合当地消防车接口的消防水泵接合器。

3）暖通空调

本工程分为两期施工，施工过程中，为保证航站楼正常运行，且出于日后使用维护管理方便的考虑，空调系统采用单冷型空气源多联机中央空调系统。本工程地理位置临近海边，因此空调室外机组均采用防腐蚀型的机组，以确保设备正常运行。

一期二层的出发大厅和二期一层的行李接收大厅等高大空间，采用大空间分层空调的设计理念，其空调室内机均采用暗藏风管机，均采用旋流喷口侧送的气流组织形式，侧送高度在4m左右，节能的同时保证空调使用效果。一期一层的出发大厅和二期的到达大厅，其空调室内机采用暗藏风管机或吸顶式四面出风机，气流组织均为顶送顶回的形式。其余的办公、商业等小隔间用房，其空调室内机均采用吸顶式四面出风机或吸顶式两面出风机，气流组织均为顶送顶回形式。

新风系统由直接膨胀式新风机提供，一期的新风室内机集中吊装于一层的货物收取大厅，二期新风室内机均分区域设于新风空调机房内。为改善室内空气品质，各公用大空间场所如出发大厅、到达大厅和行李接收大厅等设机械排风扇，加强通风换气，过渡季节通过开启上部区域的电动排烟窗，加强气流对流。

本工程的封闭楼梯间优先考虑采用自然防烟的方式，不满足自然防烟要求的2号楼梯间设置机械正压送风系统。一期地上面积大于100m²的房间和长度大于20m的内走道均采用自然排烟的方式，其中高大空间（一层的行李接收大厅、二层的出发大厅等区域）设置电动排烟窗，排烟窗面积按不小于建筑面积的2%进行计算。二期地上面积大于100m²的房间和长度大于20m的内走道均分别设置机械排烟系统。

萨摩亚气候环境高度盐雾化，且湿度较大，故采用T3工况空调，且采用防结露风口。

4）电气专业

强电：①由于当地的实际情况，市政只有一路22kV电源，为了满足机场用电可靠性的需求，需设置较大容量的柴发机组。本项目没有地下室，为了保证机场使用面积及品质，在机场主体建筑外设置能源中心，内设变电所、柴发机房、消防泵房和高位水箱等主要机电设备机房，并采用室外电缆沟的形式为机场主楼供电。②二期施工时，从新建的能源中心拉临时电缆，保证原到达区的正常供电。监控、广播、通信等安装临时末端，待二期改造结束后拆下，保证航站楼改造过程中的正常运营。分期建设过程中不能影响机场的正常使用，因此在供电系统回路的设计上，充分调研机场使用情况，按照工程分期划分系统。③当地条件比较落后，设计初期充分与当地运营人员沟通实际需求及管理习惯，机电系统设计时按照简单可靠的原则，同时兼顾使用功能及建筑效果，最终寻求一个较为完美的效果。

弱电：①本工程除了传统的弱电系统（计算机信息管理系统、闭路电视监控系统、公共广播系统、综合布线系统、门禁系统和机房工程等）外，还包含了离港系统、安检信息系统和机场指挥调度系统等机场专用系统。②本工程的计算机网络系统主要分办公网、监控网和设备网三个网，办公网包括各区域办公室网络，监控网络主要范围单独设立自己的网络，设备网包括航班信息显示系统、时钟系统、广播系统和行李处理系统等网络。所有网络系统传输速率符合主干1000Mbps，水平100Mbps交换到桌面的网络传输要求，中心采用万兆端口。网络中心核心交换机需做双机热备份，服务器房设万兆交换机，与核心交换机连接。③广播系统分区按与消防防火分区保持一致的原则，区域划分满足消防广播区域的划分要求，按照建筑物及相应楼层划分为多个广播区域。主控计算机对分别来自机房广播控制台、消防广播控制台、区域广播控制台、全自动数字语言广播输出、钟声警报信号发生器、数字语言存储器、背景音乐信号和内通电话插播信号等多个音频信号和控制信号进行控制，通过FIDS实时控制实现航班信息的全自动播出，用4种语言向旅客播放包括候机、办理手续和检票等信息。

5.2.5 经验和启示

中国对外援助成套项目一般采用中国工程建设标准进行实施。通常情况下，对外援助成套项目的对外协议中较为明确地约定，"本项目按照中国有关设计规范和技术标准并结合所在国有关设计规范、施工规范和技术标准进行勘察、设计、施工和验收。严格遵守国家、地方、行业现行的所有相关施工操作、材料、设备与工艺的各类规范、标准、工程建设条例、安全规则和其他任何适用于施工、安装的要求、规则、规定，以及所有相关的法令、法规，和其他适用于工程设计和施工的强制性条文"。当地常用的大宗材料、机电产品中的开关插座面板、水电管管径标准和接头标准、电缆线分色标准、消火栓接合器标准、光源的接口标准、洁具和水龙头标准等，主要结合所在国规范标准实施。

适用于我国标准的大部分材料设备的生产厂家有很大一部分不具备国际合作能力，相关产品介绍及使用手册只有中文版本，在对外移交、培训以及维保期后外方自行管理维护上存在一定的难度。总承包企业需自行对相关材料进行翻译，过程中可能会存在对产品功能的曲解导致外方在理解上的偏差。在机场前期谈判过程中，由于中国规范缺少相应的英文对照版本，我方自行翻译的相关规范可能在用词上存在一定的不准确性，常常导致外方对中国规范的不理解，这对中国规范走出国门带来比较大的困难。这需要政府相关部门和企业共同努力，带领中国规范"走出去"。

随着"中国建造"走出国门，我国企业在国外承建的建筑项目越来越多。在当前形势下，由于我国企业在外承建了较多体育馆、医院等大型公共建筑，可以考虑在现行国内规范的前提下，编制一系列大型公共建筑的国际通用规范。例如体育场馆的建设涉及各个国际体联的标准，可以在一些细节施工过程中采用国际体联的标准会更适应各个国家的要求。再比如，我国拥有幅员辽阔的国土，但是现行规范基本是通用性规范，也可以适当地编写一些适用于热带海岛国家的技术规范和施工工艺来适应一些特殊环境下的国家建设项目。在本项目实施过程中发现萨摩亚的气候对建筑主体的盐雾腐蚀比较严重，故项目中对钢结构主体以及一些关键部位采用了比较高的防盐雾处理措施，此种现象在岛国建设中越发明显。如果将现有技术规范做一些有针对性的修改，并整理出一套相对准确的英文规范将对中国企业走出国门带来很大的帮助。同时建立信息化的平台用以掌握国际标准以及国外先进技术标准，用以提高我国的标准技术水平，以避免我国企业在国外的标准研究中的重复投入。

第6章 公路铁路

6.1 实践案例——莫桑比克N6国道改扩建工程

6.1.1 项目概况

（1）项目名称：莫桑比克N6国道改扩建工程；

（2）项目所在地：莫桑比克共和国马尼卡与索法拉省；

（3）项目投资形式：中国进出口银行优惠贷款；

（4）项目规模：主线全长287.256km，贝拉市内港口连接线1.015km；

（5）项目起止时间：2015年4月1日～2019年9月30日；

（6）结构类型：沥青混凝土路面；

（7）建设单位：莫桑比克国家公路局；

（8）设计单位：安徽省交通规划设计研究总院股份有限公司；

（9）监理单位：沈阳市工程监理咨询有限公司；

（10）总承包单位：安徽省外经建设（集团）有限公司与中国建筑股份有限公司紧密联合体（中国建筑第八工程局有限公司负责具体实施）。

6.1.2 工程概况

莫桑比克共和国位于非洲东南部，南邻南非、斯威士兰，西接津巴布韦、赞比亚、马拉维，北接坦桑尼亚，东邻印度洋，隔莫桑比克海峡与马达加斯加相望。莫桑比克独立后，由于长期内战，国内很多公路、桥梁等基础设施破坏严重。内战结束后，莫桑比克政府实施高效率的公路运输网络及基础设施的发展与维护战略举措，以促进区域经济增长和缓解贫穷问题。

莫桑比克N6国道改扩建工程位于该国中部，自西向东横穿马尼卡（Manica）省与索法拉（Sofala）省。主线全长287.256km，贝拉市市区港口连接线长1.015km。项目起点位于莫桑比克西部边境马西潘德（Machipanda）区与津巴布韦相接壤的边境检查站，项目终点为莫桑比克第二大城市索法拉省省会贝拉市（Beira）。主要工程内容包含桥梁33座（其中互通立交1处）、平面交义15处、涵洞90道、路基、路面、防护、排水、收费站及公共设施。本工程总造价4.33亿美元，属于框架协议类融资建造（F+EPC）项目，由安徽省外经建设（集团）有限公司与中国建筑股份有限公司联合融资，资金来源为中国进出口银行优惠贷款。

本工程是"跨国跨区基础设施合作"重点建设项目，为莫桑比克东西向主干道和中部地区经济动脉，是连接津巴布韦、赞比亚、马拉维等内陆国家的重要国际通道，索法拉省贝拉港是这些内陆国家对外贸易主要中转港口之一，素有"贝拉走廊"之美称。升级改造N6公路将进一步提高公路通行能力，发展并强化交通网络，为周边国家带来更加便利的交通条件。沿线及周边地区拥有巨大的经济潜力，其升级改造进一步降低运输成本，不仅可以加强对国家经济发展的支持，同时还可以创造更多的就业机会，满足莫桑比克经济发展的需求。本项目与沿线主要公路、支路贯通，进一步加强沿线主要城镇与城市的联系，具有区域战略意义。本项目荣获2020年中国建设工程鲁班奖（境外工程）。工程位置和线路如图6-1所示，项目效果如图6-2所示。

6.1.3 中国标准应用的整体情况

莫桑比克作为南部非洲发展共同体（The Southern African Development Community，SADC，简称"南共体"）的一员，参与了其中的标准化区域合作（SADCSTAN）、测量可追溯性区域合作（SADCMET）、法律计量区域合作（SADCMEL）、区域认可合作（SADCA）、南部非洲认可服务（SADCAS）、南部非洲共同体贸易壁垒伙伴委员会

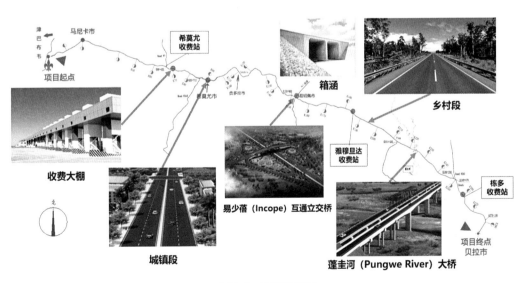

图6-1　工程线路图

（a）易少蓓（Incope）互通立交桥

（b）蓬圭河（Pungwe River）大桥

（c）两车道效果图　　　　　　　　　　（d）四车道效果图

图6-2　项目效果图

（SADCTBTC）以及技术法规联络委员会（SADCTRLC）等与质量、标准化相关的工作。莫桑比克工程建设标准执行的是由南部非洲发展共同体（SADC）及南部非洲交通运输委员会（Southern Africa Transport and Communications Commission，SATCC）颁布的相关工程技术规范。莫桑比克道路桥梁工程建设标准依据的是南部非洲交通运输委员会（SATCC）颁布的路桥标准规范及相关设计规范。

莫桑比克积极参与国际及区域标准化活动，对国际标准和欧美发达国家标准的借鉴和采用率不断提升。由于历史原因，莫桑比克与欧洲关系密切。葡萄牙对莫桑比克语言、宗教、文化、社会制度等各方面影响深远，目前仍是莫桑比克重要的贸易伙伴和投资来源国。其他欧洲国家也对莫桑比克经济发展给予了很大帮助，英国、法国、荷兰、瑞士、瑞典、丹麦和芬兰等国家每年对莫桑比克提供财政和物资援助。因此，在标准化方面，莫桑比克更倾向于借鉴和使用欧洲标准或国际标准，例如：在莫桑比克的工程建设项目中，有关建设施工、验收、免责的相关规定借鉴了欧洲标准。

莫桑比克每年11月至次年4月为雨季，年有效施工时间仅为6个月。针对线路长、年有效施工期短的特点，项目建立采石场2座，沥青拌合站2座，混凝土拌合站2座，项目营地3座，如图6-3所示。由于所在国资源匮乏，工程所需机械设备974台套，各类钢材、交安设施等主要物资4.5万吨，均通过中国采运进场，运距达2万km。

莫桑比克无公路工程设计及施工规范，本项目合同规定采用区域性组织"南共体"和南部非洲交通运输委员会发布的标准和技术说明。合同同时约定"除砂、石、水泥、燃油和部分木材外的所有材料和设备均采用中国产品"。因设计、监理和施工单位都是中国公司，现场按照中国相关标准和规范进行管控。莫桑比克无房屋建筑工程相关规

（a）混凝土拌合站

（b）沥青拌合站

图6-3　项目混凝土、沥青拌合站

范，莫桑比克N6公路附属房建工程设计、施工均执行中国当期相关标准。桥梁工程及交通安全设施所用材料均采用工程实施当期中国现行相关规范，如预应力钢筋、普通钢筋和钢板，在图纸设计说明中明确了材料标准，解决了当地资源匮乏的难题，避免了如果按照南部非洲标准或欧洲标准采购，因标准差异无法从中国采购的问题。项目桥涵工程、附属房建工程及沿线设施等所用钢材采购总量约1.2万吨，均从中国分批次采购，通过海运进场，大大降低了采购成本。虽然本项目不是采用整套中国公路技术规范，但对于设计施工总承包性质的国际工程项目而言，已经很大程度上减少了设计及施工风险。易少蓓（Incope）互通立交桥施工，如图6-4所示。

本项目收费站收费系统设备从中国制造采购。通过邀请业主到中国考察，确定收费站计算机系统、CCTV系统和车道收费系统采用中国制造产品，竣工前提供中英产品说

（a）

（b）

（c）

（d）

图6-4 易少蓓（Incope）互通立交桥施工图

明书并对工作人员提供操作培训，为方便当地使用习惯，各种电子产品的接入，插座按照欧洲标准提供产品。通过采用中国制造产品，方便作业人员现场安装、后期维护，有效降低了采购、安装调试及后期维护成本。栋多收费站如图6-5所示。

（a）框架结构收费站　　　　　　　　　　（b）收费岛

图6-5　栋多收费站

6.1.4 南部非洲规范与中国规范比对研究

南部非洲区域在公路工程建设中所采用的设计及施工规范是南部非洲交通运输委员会发布的相关规范，目前在南部非洲发展共同体国家内广泛适用。南部非洲区域国家（即南共体十六国）公路工程施工规范为综合性规范，通过本项目的实施开展了南部非洲规范与中国规范的比对研究。按设计规范、试验检测规范和施工规范系统地对南部非洲规范与中国规范的差异性进行了对比分析，为中国标准在南部非洲国家的推广应用提供参考和借鉴。

南部非洲公路工程建设使用的SATCC标准主要包括5个规范（1个技术规范，4个设计规范），这套标准以参考ISO国际标准、欧美标准及南非标准为主，并呈现当地的特征，公路试验方法采用南非TMH系列规范，如表6-1～表6-5所示。

以南部非洲典型路面结构与中国典型路面结构设计差异对比为例，中国与莫桑比克位于不同的纬度，具有不同的气候条件、地形地貌，因而两国在沥青路面结构和设计方法上有很大的不同。莫桑比克的设计规范源自南非标准，其沥青路面结构与美国、德国、法国以及我国等国家有很多的不同之处。莫桑比克使用的沥青路面设计方法采用典型结构设计法，属于经验法的范畴，即考虑了当地的自然环境、交通状况、材料特性和供应情况、施工技术和养护运营等因素，提出各种典型的路面结构形式，设计者能够依据设计标准，快速选择合适的路面结构。我国沥青路面设计属于理论法的范畴，其基本理念是以满足设计年限内允许通过的预测交通量要求的路面整体刚度为目标，以提高路面结构整体的承载能力为主要目的，兼顾考虑结构的抗疲劳能力。以路面回弹弯沉为设

SATCC公路桥梁标准体系一览表 　　　　　表6-1

序号	规范名称	发布日期	编制
1	Standard Specifications for Road and Bridge Works（《路桥工程标准技术规范》）	1998年9月 2001年再版	科学与工业研究中心（CSIR） 道路交通技术部编制
2	Code of Practice for the Design of Road Bridges and Culverts（《公路桥涵设计规程》）	1998年9月 2001年再版	科学与工业研究中心（CSIR） 道路交通技术部编制
3	Code of Practice for the Geometric Design of Trunk Roads（《主干道线型设计实用规范》）	1998年9月 2001年再版	科学与工业研究中心（CSIR） 道路交通技术部编制
4	Code of Practice for the Design of Road Pavements（《路面设计规程》）	1998年9月 2001年再版	科学与工业研究中心（CSIR） 道路交通技术部编制
5	Code of Practice for the Rehabilitation of Road Pavements（《道路路面修复设计规范》）	1998年9月 2001年再版	科学与工业研究中心（CSIR） 道路交通技术部编制
6	ROAD TRAFFIC SIGNS MANUAL（《道路交通标志手册》）	1997年10月	

南非TMH试验规范及道路沥青规范 　　　　　表6-2

序号	规范名称	发布日期	编制
1	TMH 1 Standard Methods of Testing Road Construction Materials（《道路建筑材料试验的标准方法》）	2008	South African Bureau of Standards，简称SABS 南非国家标准局
2	TMH 5 Sampling Methods for Road Construction Materials（《道路建筑材料的取样方法》）	2008	South African Bureau of Standards，简称SABS 南非国家标准局
3	Civil engineering specifications（《土木工程规范》）; Part BT3: Anionic bitumen road emulsion（《阴离子道路沥青》）	2014	South African Bureau of Standard，简称SABS 南非国家标准局

SATCC公路施工规范与中国公路施工规范对应关系一览表 　　　　　表6-3

序号	SATCC规范名称	对应中国规范名称
1	Standard Specifications for Road and Bridge Works（《路桥工程标准技术规范》）	《公路工程质量检测评定标准　第一册　土建工程》JTG F80/1-2004 《公路工程质量检验评定标准　第二册　机电工程》JTG F80/2-2004 《公路沥青路面施工技术规范》JTG F40-2004 《公路路面基层施工技术细则》JTG/T F20-2015 《公路桥涵施工技术规范》JTG/T F50-2011 《公路水泥混凝土路面施工技术细则》JTG/T F30-2014

SATCC公路设计规范与中国公路设计规范对应关系一览表 　　　　　表6-4

序号	SATCC规范名称	对应中国规范名称
1	Code of Practice for the Design of Road Bridges and Culverts（《公路桥涵设计规程》）	《公路桥涵地基与基础设计规范》JTG D63-2007 《公路涵洞设计细则》JTG T D65-04-2007
2	Code of Practice for the Geometric Design of Trunk Roads（《主干道线型设计实用规范》）	《公路路线设计规范》JTG D20-2006
3	Code of Practice for the Design of Road Pavements（《路面设计规程》）	《公路沥青路面设计规范》JTG D50-2006 《公路水泥混凝土路面设计规范》JTG D40-2011
4	Code of Practice for the Rehabilitation of Road Pavements（《道路路面修复设计规范》）	《公路养护技术规范》JTG H10-2009

南非TMH试验检测规范与中国公路试验检测规范对应关系　　表6-5

序号	南非规范名称	对应中国规范名称
1	TMH 1 Standard Methods of Testing Road Construction Materials (《道路建筑材料试验的标准方法》) TMH 5 Sampling Methods for Road Construction Materials (《道路建筑材料的取样方法》)	《公路工程沥青及沥青混合料试验规程》JTG E20-2011 《公路土工试验规程》JTG E40-2007 《公路工程集料试验规程》JTG E42-2005 《公路路基路面现场测试规程》JTG E60-2008

计指标，以整体性材料底面弯拉应力为验算指标。

SATCC《路面设计规程》与中国《公路沥青路面设计规范》对路面结构的划分基本类似，都分为面层、基层、底基层和压实土等部分，由于设计理念不同，设计步骤存在差异性，见表6-6。

路面结构设计步骤对比　　表6-6

SATCC规范路面结构设计步骤（Code of Practice for the Design of Road Pavements）	公路沥青路面设计规范设计步骤
（1）预计在设计生命周期内的累积交通承载量； （2）确定所建道路上的路基（土质）的承载力； （3）定义标称的操作天气（湿或干）； （4）确定一些会影响设计选择的实际因素； （5）选择可能的道路结构	（1）根据设计要求弯沉或弯拉指标分别计算设计年限内一个车道的累计标准当量轴次，确定设计交通量与交通等级，拟定面层、基层类型，并计算设计弯沉值或容许弯拉应力； （2）按路基土类与干湿类型及路基横断面形式，将路基划分为若干路段，确定各个路段土基回弹模量设计值； （3）参考本地区的经验拟定几种可行的路面结构组合和厚度方案，根据工程选用的材料进行配合比试验，测定各结构层材料的抗压回弹模量、劈裂强度等，确定各结构层的设计参数； （4）根据设计指标采用多层弹性体系理论设计程序计算或验算路面厚度； （5）对于季节性冰冻地区应验算防冻厚度是否符合要求（本次设计不考虑冻害）

根据表6-6，可以得出SATCC公路设计规范与中国公路设计规范最根本的不同便是设计理念的不同。SATCC规范是先确定路基承载力，然后选择路面结构，而我国是先确定沥青层厚度，再计算基层厚度。这表明，SATCC框架体系规范强调的是路基强度，而我国强调以沥青面层作为承载层。

此外，以莫桑比克N6公路改扩建工程为载体，开展了"南部非洲热带草原气候下既有道路升级改造工程综合技术研究"，针对南部非洲道路升级改造中软弱地基处理、新老路基衔接、级配碎石基层施工、沥青混凝土面层施工和U形边沟等开展技术攻关，提高了工程质量和施工工效。

6.1.5 经验和启示

随着中国企业在莫桑比克投资及承包工程项目数量的增长，不可避免地会遇到当地标准所带来的障碍。中资企业在莫桑比克进行投资或承包工程前，要预先与当地业主沟通项目中对标准的规定和要求。一些"走出去"企业就曾遇到国外业主在标书里规定"必须采用美国、英国、欧盟以及国际标准作为设计依据，不得使用中国标准"的条款，但因中资企业签订合同时没有对此条规定提起重视，到项目实施时发现使用欧美标准产生的实际成本要比使用中国标准高出很多。为避免此类情况的出现，中资企业应该在参与项目投资或工程承包之前了解当地标准运用状况，在合同签订前，要向项目业主提出采用中国技术标准设计建设、采用中国设备产品等建议，并提供资料阐明中国标准与欧美标准之间的相同或差异之处，展现采用中国标准、中国设备产品的优势，从而改变当地业主对欧美标准的依赖，降低中资企业的投资或施工成本。

6.2 实践案例——安哥拉本格拉铁路修复改造工程

6.2.1 项目概况

（1）项目名称：安哥拉本格拉铁路修复改造工程；

（2）项目所在地：安哥拉；

（3）项目投资形式：中国贷款项目；

（4）项目规模：1344km；

（5）项目起止时间：2006～2019年；

（6）建设方：安哥拉交通部；

（7）总承包单位：中铁二十局集团有限公司；

（8）设计单位：中铁上海设计院集团有限公司；

（9）监理单位：葡萄牙A1V2监理公司。

6.2.2 工程概况

安哥拉位于非洲西南部，北邻刚果（布）和刚果（金），东接赞比亚，南连纳米比亚，是中部、南部非洲的重要出海口之一，西邻大西洋，海岸线长1650km，国土面积

124.67万km²，战略地位十分重要。另有一块飞地领土——卡宾达，地处刚果（布）和刚果（金）之间，与安哥拉本土直线距离约130km。

2007年9月，中铁二十局集团有限公司与安哥拉交通部签署建设总包合同，总合同额18.3亿美元，中铁上海设计院集团有限公司作为设计分包单位，承担该项目的全部勘测设计工作。这也是目前我国在境外承担的除坦赞铁路外一次性建成的最长铁路，如图6-6所示。本格拉铁路的修复与扩建，对开展安哥拉战后重建、促进安哥拉国内经济发展、推动与邻国间政治经济交往、方便人民群众的生活意义十分重大。该项目的成功实施，对增进中非友谊、树立我国良好的国际形象具有深远的社会影响。

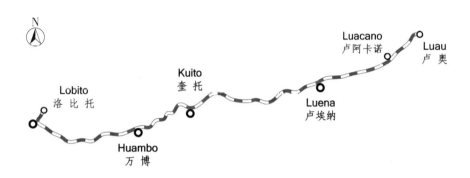

图6-6 本格拉铁路全线平面示意图

本格拉铁路全线共设车站67座，其中Ⅰ等站6座（洛比托、本格拉、万博、奎托、卢埃纳、卢奥），Ⅱ等站8座，Ⅲ等站17座，Ⅳ等站27座，Ⅴ等站9座，设计主要工程数量有：路基土石方1729.30万m³；新建桥梁1591延米/24座，维修利旧桥梁2083.4延米/37座；新建及接长涵洞6922.6横延米/858座，维修利旧涵洞1057座；正线铺轨1343.2km，站线铺轨119.7km，铺设道岔565组；生产及生活房屋总建筑面积4.8万m²，67个车站的通信、信号、电力系统及其他室外建筑设施，如图6-7所示。

项目的主要技术标准包括：（1）铁路等级：C.F.B.（本格拉铁路局标准）；（2）正线数目：单线；（3）轨距：1067mm；（4）最高行车速度：直线地段最高行车速度90km/h，曲线地段根据改造后的实际情况确定；（5）最小曲线半径：一般地段为300m，特殊困难地段及连续曲线地段改造后曲线半径不小于150m；（6）限制坡度：单机牵引17.5‰，双机牵引25‰；（7）牵引种类：内燃；（8）到发线有效长度：350m；（9）机车类型：SDD6；（10）牵引质量：750t；（11）闭塞类型：继电半自动。

本格拉铁路通车后，不仅连接至刚果民主共和国，而且将在卢阿卡诺车站与规划建设的安哥拉至赞比亚铁路相连，进而与坦赞铁路相接，成为刚果民主共和国、赞比亚等内陆国家的重要出海通道，极大降低这些国家铜矿等资源的出口成本。将通过与纳米比亚、马拉维、莫桑比克等周边国家铁路网接轨，实现南部非洲区域铁路的互联互通，进

（a）项目远景

（b）轨道、路基工程

（c）卡通贝拉大桥

（d）万博人行天桥

图6-7　本格拉铁路项目

而形成大西洋与印度洋之间的国际铁路大通道，极大促进区域经济发展。

8年来，设计人员足迹踏遍全线各处，沿途穿越300km的草原、300km的原始森林、400余km的沼泽无人区和无数大山峡谷，历经热带气候环境考验，面临无数次疾病、虫兽以及来自战时遗留地雷等的安全风险挑战，先后转场51次，全线测绘里程8040km，地质钻探36200延米，累计完成中英文图纸2万余张，为本格拉铁路的建设提供了大量翔实而宝贵的数据资料。

6.2.3 中国标准应用的整体情况

安哥拉尚未制定完善的工程承包类法律法规，对于外国承包商在安哥拉承揽工程的限制条件较少。对于世界银行、非洲开发银行等国际金融机构贷款的项目，只需满足相应金融机构的限制条件即可。对于政府间援助项目，取决于两国政府贷款协议的条件，如是中国政府资金项目，则中方推荐有关中国公司参与。对于安哥拉政府自有资金项目，外国承包商需要在安哥拉注册并获得安哥拉有关部门（如公共工程部）颁发的营业执照才能参与。对于安哥拉私人投资项目，外国承包商可自由参与，基本没有限制。安哥拉尚未制定完善的工程建设规范，建设过程借鉴了国际通用的招、投标模式，通常也包括规划、科研、设计、招标、施工、验收、移交等步骤，建设过程中也聘请咨询、监理单位，但相对而言不是很规范。工程验收通常由业主（包括政府主管部门和工程实际使用单位）、咨询和承包商联合进行，工程合同是验收的主要依据。

历史资料显示，本格拉铁路最早于1902年开始修建，1929年通车至刚果（金）边境，建设过程长达30年。受制于沿线沼泽、原始森林等特殊地形影响，开通后火车运行速度仅30km/h左右。1975年安哥拉独立后，在长达27年的内战中，安哥拉境内所有铁路线路几乎全部被炸毁。

本格拉铁路修建时采用欧洲标准（南非标准），安哥拉独立后，国内没有统一的标准体系。铁路修复前，本格拉铁路全长1343.4km（包含耐格朗～本格拉支线27.3km，洛比托～码头支线8km及归玛支线）。修复前仅有洛比托至库巴（79km）、本格拉支线（15.2km）及万博至卡伦卡两段约140km线路可运行通车，但因线路技术标准低、年久失修、未养护，路基病害严重，挖方区无排水设施，局部区段杂草较多，线路不平顺，车辆运行不稳定，最高速度仅为30km/h。其余线路为未通车段，受战乱影响，部分桥梁毁坏，路基坍塌，轨道变形等现象严重。特别是奎托以东线路，所有桥梁均遭不同程度的破坏，部分地段轨道已拆除线路消失在杂草丛中，其他地段则钢轨散落在路基两侧。车站、机务段、车辆修配厂等房屋建筑、设备也均遭破坏，需大修或重建，全线无铁路专用通信信号设备。

在遵循安哥拉国情前提下，本项目全线采用中国标准。本格拉铁路采用1067mm轨距，设计最高速度90km/h，但安哥拉及整个非洲都没有相关技术规范，国内也缺乏相关标准。为此，中铁上海设计院集团有限公司参照我国国家标准的相关专业设计规范，结合1067mm轨距铁路特点，修正相关设计参数，编制了《安哥拉1067mm轨距铁路大修设计暂行规定》。不仅填补了安哥拉乃至非洲大陆在铁路设计技术规范上的空白，也使设计人员进场后有法可依，避免了因技术问题引发的质量事故与纠纷，更为后期滚动经营、持续开发非洲铁路市场提供了技术支持。

本格拉铁路从设计到施工全部采用了中国铁路的建设标准，而且钢轨、水泥等建筑材料、通信和大型机械设备等全部从中国采购，包括铁路建成投入运营后的机车、车辆等也由中国企业提供，共带动进出口贸易达30多亿元人民币。

6.2.4 中国标准应用的特点和亮点

本格拉铁路原由葡萄牙修建，采用欧洲标准，项目执行之初，葡萄牙监理方对中国标准不认可，我方紧急抽调多位经验丰富的技术专家，着手制定《安哥拉1067mm轨距铁路大修设计暂行规定》，以国内标准为基准，结合本格拉铁路实际情况，参考周边国家的有关数据，制定了切合实际的设计标准，对本格拉铁路设计的理念、关键技术环节进行了详细解读，得到了业主和监理的一致认同。我方设计的洛比托、本格拉、万博等6个一等站，既体现了当地风情，又融入了现代理念，成为当地的标志性建筑。南部非洲共同体会议期间，参会的各国总统集体参观了万博车站，给予高度评价。

亮点一：改建方案的选择

安哥拉国家铁路运输设备及运营管理模式十分落后，既有线路存在的主要问题是线路技术标准低，平、纵断面条件差。从经济性和可行性考虑，本格拉铁路改建方案遵循"结合现场实际、参照中国标准、满足功能要求、兼顾经济利益"的改造原则，改建方案既要满足客货运量增长和服务水平提高，同时更应符合安哥拉的国情，满足安哥拉国家重建的迫切需要，应有前瞻性地适当提升本线的技术标准，满足最高速度90km/h和通过能力的需要，综合考虑工期要求、施工难度、设备材料供应等因素进行方案设计。方案设计中，始终贯彻"以人为本、保护环境"的系统设计理念，考虑了铁路工程施工阶段和竣工后运行阶段对生态环境、水土流失的影响，在利于人类居住、预留野生动植物生存空间、保护安哥拉的原始森林和天然湿地等方面，提出了有效的控制措施。

根据以上思路，我方提出了原状修复、改建修复和新线建设三大方案，通过详细论证，在原状修复、改建修复和新线建设三大方案中，推荐了改建修复方案。本格拉铁路改建方案向安哥拉政府汇报后，得到了安哥拉政府重建办和议会的赞同和批复，我方据此立即开展设计，2009年12月，本格拉铁路全线勘测设计工作完成，2015年2月，本格拉铁路的全面修复贯通，为促进安哥拉经济发展，改善人民生活，推进安哥拉的社会进步和经济发展起着十分重要的作用。

亮点二：节能用电

按照我国标准，长大区间需设机房，由于安哥拉当地电力资源极度匮乏，既有供配电设备又大多毁于战乱，因此在利用既有供配电设施进行改造难以实施的条件下，电力专业设计按新建工程考虑，其电源设置、供配电线路、供配电设备均按中华人民共和国国家标准及铁路行业标准等相关规范标准设计，当不具备引入采用市电条件时，沿线各车站新建柴油发电机组两台，其中一台作为Ⅰ路电源，另一台作为Ⅱ路电源，两路电源采用一用一备方式，向车站负荷供电。沿线各车站若供电距离较远且架空径路具备条件时采用架空线，若供电距离较近且架空径路不具备条件时采用电力电缆，柴油发电机组至车站各配电设备的供电线路均采用电力电缆。

亮点二：信号设备选型

在信号设备选型方面，针对安哥拉炎热潮湿、雷害严重的自然条件和电力供应不稳定的现状，选用6502电气集中联锁设备，具有很好的适应性和很长的使用寿命，既能最大程度地提高车站联锁设备的可靠性，又能提高运输效率，是最经济、最理想的车站行车设备，是确保列车安全运行、降低行车人员及设备维护人员的劳动强度的基础保障。该设备相比于计算机联锁设备，不仅对环境的要求更低，造价也更低，可维护性强，对维护人员的技术水平要求更低，十分适合安哥拉的国情。该设备在投资控制方面更是具有明显的优势，选用6502电气集中联锁系统还不到计算机联锁系统一半的投资。同时，还积极采用了高可靠性智能化综合车站电源系统，可将原多套的电源设备，集中于一套电源屏，具有智能监测的功能。既节省房屋面积，提高电源设备的可靠性、可维护性和供电质量，又降低了设备自身能耗，节能效果明显。设备采用新型的信号器材，如组合断路器、铝合金信号机构、SMC复合材料箱盒（防盗型）、一体化点灯装置和主灯丝断丝定位报警器等，对室外电缆也采用综合护套信号电缆，具有防蚁和防腐能力，减少对环境的污染。

亮点四：建筑设计

本格拉铁路站房设计执行国内标准，考虑到当地人口不多，贫富不均，行包较少的特点，站房各功能房参照标准不需严格按照国内规范设置，应因地制宜地设计功能合理的平面。所有站房均需考虑设置贵宾候车室，行包房面积大小可根据其功能需要适当做出灵活调整，普通候车室面积按总面积的1/3左右考虑，办公室宜适用于多种功能用途。

本格拉铁路站房均为当地标志性建筑景观，尤其万博车站，更是重中之重。建筑风格要求具有现代气息，并要求简洁、大方，尽量结合当地自然和人文风情，不考虑使用玻璃幕墙、网架、欧式线条装饰等。

本格拉铁路沿线共有6个一等站，陆续建成开通。为了完善车站周边交通、商业、旅游等设施，我方从车站建设之初就着手规划，力求周边的建筑与车站风格相协调、与城市的特色相一致。洛比托站是本格拉铁路的起点，是风景秀丽的港口城市，也是安哥拉著名的旅游胜地。我们结合这些特点，在英伦风格的新车站周边规划了总面积约14000m²的汽车站、商业网点，还利用车站对侧废弃的烂尾楼地块，规划了约2000m²的酒店。整个规划布局合理、建筑物相互呼应，港口城市的魅力在崭新的建筑群中凸显。部分车站站房设计如图6-8所示。

（a）洛比托车站　（b）本格拉车站

（c）万博车站

图6-8　站房设计

6.2.5 经验和启示

本项目采用我国标准，在市场拓展方面起到积极的影响。本格拉铁路全线采用中国标准，由我方设计院设计，对于本格拉铁路延伸项目以及安哥拉市场甚至周边国家铁路市场的拓展均起到积极作用。在承担本格拉铁路的设计工作后，我方成立了安哥拉分院，利用本格拉铁路的成功案例推行中国标准，先后承担或跟踪了本格拉码头支线、

安哥拉至赞比亚铁路、刚果（金）铁路、本格拉铁路机务车辆段、洛比托编组站改建项目、巴亚至罗安达新国际机场铁路支线、穆尼杨戈至卢埃纳公路等诸多项目，为中国标准在非洲的推广起到了良好的示范作用。此外，通过本项目的建设总结出了以下经验和启示。

1. 运营管理方面

本格拉铁路修复改造工程已于2015年2月建成通车，2019年10月正式移交并签署项目最终验收证书。从当前铁路运营的现状来看，运营管理大体上分为委托经营模式和自主经营模式。委托经营模式是资产经营与生产经营相分离的模式。公司将铁路的运输专业管理、生产经营管理全部委托给相关铁路公司组织，实行经营目标责任制。自主经营是成立铁路公司独立自主行使运输管理权和经营管理权的一种模式。公司独立承担运输生产经营，负责管辖范围内一切铁路运输业务。

就本格拉铁路而言，其服务对象为客货并重，是安哥拉中部地区通往沿海港口的客货并重运输通道，同时也是洛比托经济走廊的重要交通动脉。最重要的是，现阶段本格拉铁路修复改造完成不久，缺乏经验丰富的运营管理人才，实现自主经营的困难较大。因此，前期采用委托经营模式，选择国外铁路运输组织较为成功的公司（如中国铁建）负责本格拉铁路的日常运营管理，并为培养安哥拉国内的铁路日常运营管理人才提供培训服务，逐步积累日常运营管理人才，到后期人才储备达到一定程度后，逐步收回经营管理权限，实现自主经营。

2. 路基新材料、新技术应用

鉴于本项目奎托（KUITU）至本线终点所处地区填料均为粉土、粉砂填料，此类填料抗雨水冲刷能力很差，有必要采用抗冲刷性能较好的填料包边填筑或采用水泥改良土填筑，由于此类填料、水泥均需求量巨大，且需长距离运输，当地既有道路条件很差，远距离运十分困难。

基于以上原因，对于采用粉土、粉砂填筑的路基，采用轻型复合材料进行边坡防护，防止水土流失是十分必要的，如采用三维生态袋对边坡进行防护，只需将土工袋运输到工程地点，土工袋十分轻便，便于运输，其余所需材料就地取材即可，这样既保证了边坡抗冲刷能力，又解决了运输困难等问题。

3. 改进桥梁养护技术

通过本格拉铁路基础设施建设，既有桥梁养护技术是保障桥梁的安全性、耐久性的关键。

（1）加强对桥梁工程材质、损伤、缺陷和受力状态的检测。

（2）面对服役桥梁养护科学决策的技术需求，需要进一步完善和发展桥梁技术状况评定、承载能力和减灾防灾能力鉴定方法，构建桥梁安全可靠性评估和使用寿命预测等的理论体系及技术方法，以推动本格拉桥梁服役可靠性的提升和使用寿命的延长。

（3）面对服役桥梁养护管理和桥梁资产保全增效的技术需求，需要转变桥梁养护理念，发展桥梁预防性养护技术，提升桥梁机械化养护能力，构建符合安哥拉国情的桥梁养护技术及装备体系，以促进桥梁技术向"建养并重"转型发展。

此外，还要强化设计与施工精细化，提高桥梁建设的工程品质。要加大新结构、新材料、新工艺和新装备的研发与应用力度，提升桥梁养护管理技术和水平，在开展桥梁常规检查、评价、维修与养护工作的同时，尤其要注重对特大型桥梁的安全运营与监测，确保重要桥梁的运营状况实时可控。

4. 站场设计中的多专业协作

要高度重视站场专业与其他专业的专业接口问题。站场设计既与线路、桥涵等站前专业紧密结合，又与房建、通信、信号、给水排水等站后专业相关联，接口专业较多，容易出现问题。特别在海外项目中，一方面相关专业技术人员很难同时在现场办公，另一方面各专业设计均需与安哥拉国情相结合，这样就导致与国内铁路设计差异显著，因此必须与各专业保持密切的沟通，资料准备充分，提资及时准确，出现问题第一时间反馈。

5. 建筑设计

非洲项目存在的共性是，由于当地经济发展落后，工业基础薄弱。工程建设所需施工设备，建筑原材料等主要物资均得从国内运入，基本都是海上运输，运送周期较长，建筑成本高。因此，在方案设计最初阶段，就要对所使用的建筑材料的经济性可行性做出准确的定位。

纵观安哥拉项目，信号楼、公寓、发电机房等已经实现了标准化图纸设计。总图设计在站坪标准化上也取得了一定的经验，硬化地面、绿化、站台墙和雨棚设计上也达到了实用经济美观和标准化。

站房设计的个性和标准化是设计施工实践过程中不断总结和提升的重要部分。通过这一批站房项目的实施，可以总结归纳平面功能的标准化；外观造型设计大胆创新，具有当地特色和个性；对于一等站的站房进行多方案比选，创造具有个性的建筑形象。

建筑专业除了在方案创新、切实可行两方面不断努力外，还要为配套专业提供切实可行的设备选型和实施方案创造条件，协调各专业矛盾，由于项目牵扯专业多，相互制约因素复杂，这就更需要建筑专业有一定的经验和组织协调能力。尤其是海外项目的特殊性，对项目的把控要及时而准确。设计前期要进行大量的准备工作，对现场的踏勘和当地的历史人文资料的搜集和整理尤为重要，应该建立资料档案库，以便对项目的建筑风格和站房功能平面标准化全面把控。

尽管海外工程受到各种因素限制，但是建筑作为凝固的音乐在任何时期、任何地域都有适用的美学法则，建筑师要提高自己的修养，开阔眼界深入了解当地的历史人文，创造出融入地方特色的持久永恒的建筑形象。

6.3 实践案例——柬埔寨金边市第三环线（NR4~NR1）项目

6.3.1 项目概况

○
○
○
○
○
○
○
○
○
○
○
○
○
○
○
○
○
○
○
○
○
○

（1）项目名称：柬埔寨金边市第三环线（NR4-NR1）项目；

（2）项目所在地：柬埔寨金边市；

（3）项目规模：本项目主线全长约47.608km，在终点附近设置有一条支线，全长约5.375km，项目总投资2.67亿美元；

（4）项目起止时间：2019年3月6日~2022年9月5日；

（5）结构类型：项目为道路一级公路，水泥混凝土路面；

（6）建设方：柬埔寨王国公共工程和运输部；

（7）设计单位：浙江省交通规划设计研究有限公司；

（8）监理单位：广州万安建设监理有限公司；

（9）总承包单位：上海建工集团股份有限公司。

6.3.2 工程概况

柬埔寨金边市第三环线（NR4-NR1）项目主线全长47.608km，是金边市区规划中第三环线公路的重要组成部分，如图6-9所示。本项目将市区北部的国家4号公路与南部的国家1号公路直接相连，并连接3、2、21、21A号国家公路，同时串联起多条金边市周围道路，形成金边市西南部的快速通道，减小市区北向交通压力。

本项目全部采用中国标准设计，设计为一级公路设计标准，设计时速80km/h，城市路段路基宽度为27m，一般路段路基宽度为25m，支线路基宽度为13m。主线路面层为22cm钢筋混凝土路面，支线路面层为沥青混凝土路面（图6-10~图6-12）。

金边市第三环线项目是柬埔寨国家重点项目。通过中国标准在本项目的应用，提供了新的思路和高效方法，为企业带来效益，对我国"一带一路"倡议具有重要意义。项目在当地具有一定的影响力，带动了柬埔寨金边市乃至整个国家的经济发展，柬埔寨政府部门对中国标准有很高的认可度。

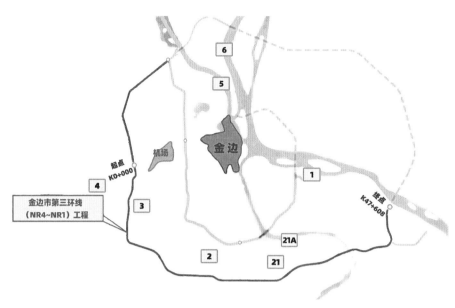

图6-9　柬埔寨金边市第三环线（NR4-NR1）项目平面布置图

（a）道路效果图

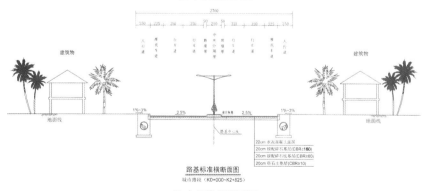

（b）标准横断面图

图6-10　柬埔寨金边市第三环线（NR4-NR1）道路示意图

图6-11 巴萨河大桥效果图

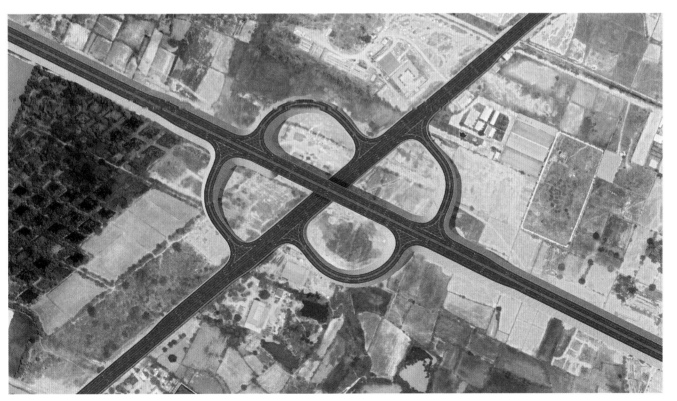

图6-12 互通主线桥效果图

6.3.3 中国标准应用的整体情况

本项目为中国政府对柬埔寨的优惠贷款项目，按照合约规定主要采用中国有关设计规范和技术标准并结合柬埔寨有关设计规范、施工规范和技术标准进行勘察、设计、施工和验收。柬埔寨目前还没有形成标准体系，只有少量国家标准可以参考，并且标准也不统一，各个部门制订自己的标准。当前柬方政府及技术人员主要还是采用西方发达国家的标准，由于我们主要采用中国的技术标准，每次遇到实际的技术问题沟通存在困难，给中国企业走出国门造成了一定的障碍。

6.3.4 中国标准应用的特点和亮点

亮点一：坚持推广中国工程建设标准同时融合当地标准习惯

柬埔寨是中国"一带一路"政策规划中的重要节点国家。2018年我方以柬埔寨等国别为基础，开展《中国工程标准在"一带一路"沿线国家的应用》课题研究。研究表明中国标准与柬埔寨政府常用标准之间存在一定的区别，主要有以下几个方面：（1）道路等级划分不同；（2）道路设计速度不同；（3）行车道宽度与路缘带宽度的相关规定不同；（4）路基分类标准与施工标准要求不同；（5）道路检测方法存在细微的不同；（6）交通安全设施的设置标准不相同。如道路等级划分标准，中国公路根据交通量划分为高速公路、一级公路、二级公路、三级公路及四级公路5个技术等级，柬埔寨公路根据交通量划分为高速公路、高等级路、省道、县道4个类型，然后根据交通量分为6种等级。同样设计速度、行车道宽度与路缘带宽度、交通工程标准也有差异，金边市三环项目设计标准按一级公路，基本相当于柬埔寨城市U5等级的交通量，项目采用中国标准同时兼顾了柬埔寨的习惯。

也正是因为存在诸多不同之处，才使得向柬埔寨推广应用中国标准有了极大必要性。在实际设计、施工过程中应用中国标准也受到了柬埔寨当地政府部门的欢迎。相对而言，中国工程建设标准体系合理，并且在部分条文规定上，比柬埔寨规范要求更高，例如：在道路安全护柱的设置方面，柬埔寨道路对于护柱的实际作用定义为警示作用，主要起到视线引导作用。实际设计时，在弯道以及部分填方较高、需注意行车安全的部位均设置了护柱，且采用的标准设置间距为5m，设置密度远高于柬埔寨标准。通过以上护柱设置标准对比不难得出，中外标准主要存在的差别是对护柱的作用定义不一致，中国标准定义护柱的作用是在危险路段起到视线指引作用和部分防撞作用。柬埔寨标准护柱的设置原则主要是起到视线指引作用，所以设置标准相差较大。在项目具体实施过程中，中国的护柱设置标准明显高于柬方的标准，并且护柱的防撞作用在实际道路使用中起到了显著效果，因此柬方对中国的护柱设置标准非常认可，也接受了中国标准。

亮点二：特殊条件下桥梁桩基施工工艺与技术

巴萨河东汉河桥址穿过城市郊区范围，区域内主要有洞里萨河、巴萨克河及其支流分布，旱季水位低，雨季水位上涨，水流较急。大桥采用"承台+钻孔灌注桩"基础。主桥下部结构主墩采用整体式承台+大直径钻孔灌注桩，左右幅采用整体式承台，桩径2.0m，边墩采用承台+大直径钻孔灌注桩，左右幅采用分离式承台，桩径1.3m。主墩桩基采用C35混凝土，其余桩基采用C30混凝土。

1. 深水域灌注桩工作平台设计与施工技术

考虑到水较深，采用钢护筒直接作为支撑桩，在上面搭设工作平台，从而利用钢护筒传递上部结构作用力的方法设计桩基础工作平台。在钢护筒管桩工作平台结构设计中采用了一种钢抱箍用以固定连接在钢护筒上的牛腿，牛腿与钢护筒侧面满焊连接，此方法具有结构简单、施工方便等特点，能完全满足大桥深水大直径超长桩基础施工对钢平台搭设的要求，如图6-13所示。

为了减少钢护筒管桩冲刷影响，提高平台的安全稳定性，主要采取以下措施：

1）根据计算，水流冲刷深度约为1.5m，因此钢护筒打入深度要增加1.5m；

2）定期定时定桩位测量桩基冲刷情况及护筒内水位变化，避免因冲刷掏空护筒底而发生塌孔；

图6-13　钢平台现场搭设图

3）定期定时定点测量平台沉降、变形情况；

4）超过一定冲刷深度时，采取抛置石块护脚的方法。

2．穿越特殊岩层施工工艺

依据调查资料，项目沿线地层有第四系沉积层、泥盆系砂岩等。第四系覆盖层变化较大，一般为20～50m，主要为冲积、湖沼积和冲湖积成因。上部以冲积粉质黏土、粉砂、中粗砂和湖沼积泥炭土为主，中下部以冲湖积硬塑状粉质黏土、密实状中粗砂和粉砂为主。

泥盆系地层（D），岩性为泥岩，泥质粉砂岩，灰白色，灰黄色，偶夹灰褐色，泥质胶结，节理裂隙一般发育，可见方解石脉充填，岩芯完整，岩质软，局部岩石受构造基岩，呈碎裂岩状。

碎裂岩层地质其主要缺陷：碎裂带形成泥浆流失通道，在成孔过程中因泥浆流失导致水头压差不足而引发塌孔事故发生；碎裂岩质地呈强风化、弱风化砂岩，其力学性能不好，质地不佳。同时，碎裂岩碎块大小不一，且胶结不良，在成孔过程中，碎裂岩带的碎块崩塌、滑落，造成孔壁不稳定现象发生。冲击、挤压作用穿越碎裂岩层施工工艺工作机理及关键技术如下：

1）桩基在成孔过程中，穿越碎裂岩带时，采用抛置抗压强度高、质地良好的块石、片石，由重锤轻击和挤压作用置换和堵塞碎裂岩通道，防止不良碎石崩塌及滑落造成孔壁不稳定；

2）通过抛置按一定比例配制（黏土：70%，膨润土：30%）的优质黏土、膨润土及化学添加剂，形成具有高黏性的胶结体，有效地将填充的颗粒块石胶结在一起，充填、堵塞和封闭碎裂岩的裂隙通道，防止泥浆流失而引发的塌孔事故发生；

3）采用特殊配置的优质泥浆，在桩基孔壁上形成具有较强粘结力和表面张力的泥皮，形成隔水膜，封堵地下水的浸入，有效地提高泥浆护壁效果；

4）确保护筒内泥浆液面大于河流水位2.0m以上的水头压差作用；

5）在成孔过程中，适当提高泥浆密度，其密度控制值为1.2～1.3kg/m³，通过提高泥浆密度与水密度的压力差值，有效地维护孔壁稳定。清孔时，采用优质泥浆进行清孔，置换至设计和施工规范要求；

6）钢筋笼吊装和连接，采用快速安放器和直螺纹接驳器，缩短钢筋笼吊装时间，维护孔壁稳定；

7）冲击、挤压穿越碎裂岩层施工工作机理示意图如图6-14所示。

亮点三：高温干燥环境下箱梁悬臂裂缝控制及施工控制技术

东南亚地区，雨季和旱季的气象特征十分明显，旱季时期高温、干燥及持续无雨。柬埔寨地处北回归线以南，亚洲热带季风中心，属热带季风气候。旱季时期，气候炎

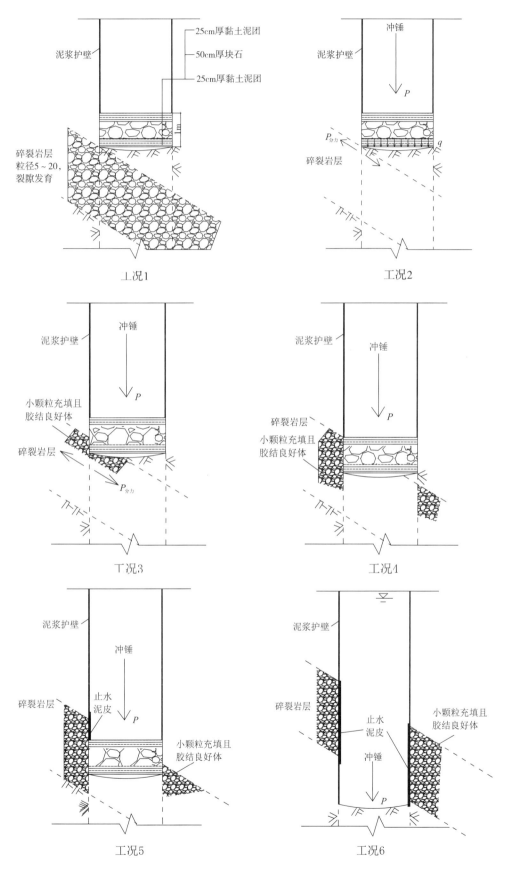

图6-14 穿越碎裂岩层施工工作机理示意图

热、干燥无雨且持续高温，预应力箱梁结构高强早强混凝土施工环境及工况条件十分恶劣。主要面临以下难点：

1）柬埔寨矿产资源十分匮乏，粗骨料质地不佳，细骨料细度模数偏小，每立方米混凝土中水泥用量偏大。同时，预应力箱梁结构高强早强混凝土的预应力张拉3天混凝土抗压强度须达到C45，混凝土配合比设计抗压强度>C60。这些不利因素对于预应力箱梁结构高强早强混凝土的施工带来了极大的困难，在施工过程中极易产生裂缝。

2）由于柬埔寨日照辐射强，大桥悬臂施工过程中受日照影响较大，在日照辐射作用下，悬臂愈长，日照辐射对箱梁挠度的影响愈大，在14:00左右箱梁挠度达到最大值（30mm）。由于工期影响，必须在中午或下午进行立模时，为了达到全天候立模放样施工，在悬臂施工过程必须考虑温度的修正。

1. 非荷载及荷载作用的裂缝控制技术

混凝土体内水化热反应产生的温度应力作用下引发的裂缝控制。在高温、干燥环境下，高强早强混凝土的施工，系统地采用了以下措施和技术来控制混凝土裂缝的产生：

1）优化混凝土配合比设计及添加剂技术措施。降低水泥用量减小由水泥所产生的水化热值，添加缓凝高效减水剂延缓水化热作用及削减水化热峰值。

2）混凝土浇筑入仓温度控制。水泥及粗细骨料堆放场选择具有良好通风环境的地方存放和搭设遮阳棚措施，避免强日照辐射，降低水泥、粗细骨料的体内温度<35℃，混凝土拌合用水由河流中直接取水后收集、冷却及贮存，且水温控制值<30℃，混凝土浇筑时间选择为4:00～8:00，22:00～2:00，且环境温度控制值<30℃。

3）混凝土养护技术措施。采用体内通水结合体外蓄热湿润养护，科学合理确定混凝土浇筑分节高度，降低混凝土约束作用及养护的时间段。在东南亚地区高温干燥环境下，通过采取以上有效措施，能够切实有效控制高强早强混凝土由非荷载作用产生的裂缝。

预应力箱梁结构因预应力施加不足产生混凝土裂缝控制。在施工过程中，预应力施加的质量及预应力损失有效控制至关重要，同时也是控制和消除箱梁混凝土裂缝产生的主要技术措施。张拉过程中，对箱梁混凝土应力、应变测试跟踪监控，实测应力值比较，其二者应力值差<2.0MPa，超之则单根补拉。竖向预应力JL32mm精轧螺纹钢在压浆前采用二次张拉，补足预应力损失及锚具损失，提高箱梁腹板的抗裂性能。

局部应力过大和局部应力过于集中而产生的混凝土裂缝控制。主要采取以下措施：①提高束管、锚垫板安装精度；②张拉端头混凝土振捣密实；③预应力过大，应力集中部位设置防崩钢筋。

预应力张拉产生的径向分力作用下产生的裂缝控制。主要采取以下措施：①采用固定支架，精确固定预应力束管；②预应力束管安装曲线圆滑和顺，避免忽然弯曲；③局部区域增设抗径向分力钢筋。

2. 挂篮悬臂箱梁浇筑全过程控制技术

在通常的桥梁悬臂施工控制中，为避免风、温度的影响，一般选择在24:00至次日6:00之间进行施工放样和竣工测量，可以避免较大的温度梯度影响。

在桥梁悬臂施工过程中采用了追踪测量的方法进行控制。追踪测量点位于竣工节段箱梁端部，追踪测量点的理论位置（基准25℃，无风）是贯穿整个施工控制的关键，在竣工、放样过程中可以追踪测量点的位置并找到其真实位置，如图6-15所示。在箱梁悬臂施工过程采用追踪测量方法进行长悬臂施工温度影响的主动修正方法，取得了不错的效果，桥梁全部合拢后桥梁线形的实测值与预测值相一致，桥面中心标高实测值与成桥预测值的误差控制在3cm以内，轴线偏差控制在1cm以内，成桥状态整体线形平顺流畅。大桥挂篮施工如图6-16所示。

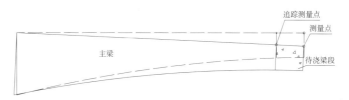

图6-15 主要施工工作机理示意图

图6-16 大桥挂篮施工

亮点四：现场预制超长预应力梁板运输

1. 预制场的设置

柬埔寨金边市第三环线工程项目共有3座互通主线桥、1座分离式立交、11座中桥、4座大桥，桥梁全长2389m。预制20m空心板梁1308片，40m T梁90片，共设置有5个梁板预制场，主要布置如下。

1）第一梁板预制场主要负责预制3号公路互通主线桥（K9+445）共132片20m空心板梁预制，梁板预制场设置在6号路K44右侧。

2）第二梁板预制场主要负责预制2号公路互通主线桥及一座大桥和一座中桥共258片20m空心板梁预制。另外还负责4号路分离式立交桥（K0+512）、巴萨河东汉河桥K38+020（630m）共498片20m空心板梁预制，梁板预制场设置在130号路右侧。

3）第三梁板预制场主要负责预制四座中桥共72片20m空心板梁预制，梁板预制场设置在三环四工区营地后面。

4）第四梁板预制场主要负责预制21号公路分离式桥（K29+582）共96片20m空心板梁预制，梁板预制场设置在三环六工区营地后面。

5）第五梁板预制场主要负责预制巴萨河西汉河桥左幅（360m），巴萨河西河汉河桥右幅（360m）共90片40m T形梁预制，负责一座大桥和三座中桥共252片20m空心板梁预制，梁板预制场设置在三环巴萨河西汉河桥0号桥头后面主线路基上。

2. 预制场设置原则及配置

预制梁场设置的原则首先是靠近梁板安装施工区域，避免因当地道路狭窄及转弯半径不足造成40m T形梁运输困难。其次是原材料及预制构件的进场及外运比较方便。预制厂占地面积应根据规模及场地条件而定，一般为5000～10000m²，内设1个钢筋加工棚以满足施工需要。预制场一般布置10个左右预制空心板底座和10个左右T形梁预制底模。安装1～2台80t门式起重机，负责模板拼装、混凝土浇筑、移梁，台座用C30混凝土浇筑。预制场地采用混凝土硬化，场内设钢筋胎膜区、存梁区、配电房、排水沟和值班室等设施。预制场采用自有拌合站供应，水平运输由罐车把混凝土运输至预制场地，垂直运输用80t门式起重机起吊储料斗入模。混凝土梁板的移动和存放由80t门式起重机来完成。梁板预制场如图6-17所示。

经过周密的安排和部署，预制场设置合理，梁板预制进展顺利，质量稳定，为大中桥梁和立交桥结构的施工打下了良好的基础。

6.3.5 经验和启示

自2004年以来，上海建工集团股份有限公司应用中国技术标准在柬埔寨完成了20个路桥项目（包含道路1758.017km，桥梁总长6779m），在中国标准实际应用过程中也得

（a）设置在道路沿线的梁板预制场

（b）主桥T形梁安装

（c）引桥T形梁安装

图6-17 梁板预制场及T形梁安装

到许多教训，比如刚进柬埔寨市场，对柬埔寨环境还不是很了解，特别是柬埔寨雨季对道路的水毁影响相当严重，当时在路基弯沉值设计中还是采用中国的路基弯沉设计，最后发现满足不了道路质量要求，柬埔寨道路对路基承载要求相当高，只有通过提高路基弯沉质量才能满足道路路基承载要求。前些年，在7号公路、8号公路、78号公路还应用半刚性基层的路面结构设计，但由于柬埔寨天气比较炎热，半刚性材料容易产生裂缝，加上柬埔寨雨季降雨量比较集中，对道路的损毁比较严重。目前我们已取消了对路面半刚性的设计，采用级配碎石基层柔性路面及水泥混凝土刚性路面设计，能较好地满足柬埔寨环境道路需求。

第7章 港口码头

7.1 实践案例——中缅原油管道码头工程

7.1.1 项目概况

（1）项目名称：中缅原油管道码头工程；

（2）项目所在地：缅甸西海岸中部；

（3）项目起止时间：2009年10月29日~2010年8月31日；

（4）结构类型：重力式码头；

（5）建设方：中国石油集团东南亚管道有限公司；

（6）设计单位：中交第一航务工程勘察设计院有限公司；

（7）监理单位：天津中北港湾工程建设监理有限公司；

（8）总承包单位：中国港湾工程有限责任公司（中交第三航务工程局有限公司实施）。

7.1.2 工程概况

中缅油气管道是继中哈石油管道、中亚天然气管道、中俄原油管道之后的第四大能源进口通道，建成后可以有效地缓解中国对马六甲海峡的依赖，降低海上进口原油的风险，对保障国家能源安全具有重要的战略意义。

根据中缅双方于2009年6月签署《中国石油天然气集团公司与缅甸联邦能源部关于开发、运营和管理中缅原油管道项目的谅解备忘录》，双方同意由中国石油天然气集团公司设计、建设、运营和管理原油管道项目。中缅原油管道码头工程作为中缅油气管道的配套工程，于2009年10月29日开工建设，2010年8月31日竣工。本工程由中国港湾工程有限责任公司作为总承包单位，中交第三航务工程局有限公司作为实施单位中标。

本工程位于缅甸西海岸中部的皎漂，该水域四周被兰里岛和其他岛屿环绕，如图7-1所示。通过潮沟与外海相通，潮沟大部分不需要浚深就能满足30万吨级油船航

图7-1　项目全景效果图

行。本工程主要包括码头和引桥，包括原油码头泊位1个，设计船型为30万吨级，兼顾15万吨级，设计接卸能力为2200万吨/年。码头前沿水深25m，通过引桥与后方陆域连接。码头总长度480m，钢结构引桥长94m，引桥根部南侧设置辅建区。卸油平台长40m，宽37m，设有2座靠船墩，间距110m，系缆墩6座。

中缅油气管道项目作为中缅两国建交60周年的重要成果和结晶，得到了中缅两国领导人及政府有关部门的高度重视和大力支持。历经十年，克服重重困难，中缅油气管道已经成为"一带一路"大型能源合作的标志性项目和中缅经济走廊的招牌工程。

作为中国"一带一路"倡议的标志性项目和中缅经济走廊的先导工程，中缅油气管道已成为中缅两国携手同行、互利共赢的友好象征。中缅油气管道对于中缅双方来说是互利共赢的，不仅为缅甸国内带来新的经济发展机遇，且缅甸借助中缅油气管道成功开展油气外交，使缅甸成为亚洲主要能源国家，提升了缅甸在地区乃至国际事务中的地位。

7.1.3　中国标准应用的整体情况

从国内、国际的港口发展来看，码头结构形式仍以传统的重力式码头、高桩码头和板桩码头三大结构形式为主。但是在三大传统码头结构形式的基础上，已经有了许多创新和发展。例如采用水下挤密砂桩技术加固软土地基来建造重力式码头；带卸荷板的大型方块结构、大直径钢筋混凝土薄壁圆筒结构、重力式复合结构等广泛应用；超大直径钢管桩及超长灌注桩的应用；遮帘式、分离卸荷板式板桩码头等板桩码头新形式等。另外港口建设逐渐向深水化、大型化、专业化、自动化方向发展，这些都促进了新结构、新材料、新技术的广泛应用。本工程引入了中国常用的大圆筒重力式沉箱结构，作为码头主体结构，为中国方案走向海外提供了有力的支持。

缅甸本地的标准规范较为简单，无法覆盖工程实施的全过程。当地在工程建设中习惯采用英国标准、欧洲标准、美国标准及日本标准作为主要施工标准。在非中国投资的项目中，大多要求采用上述标准，缅甸当地的工程师也对上述标准非常熟悉。例如在某日资企业投资的项目中，大量采用日本标准，且指定钢板桩产品从日本采购。本工程由中国业主投资，中国设计院设计，中国咨询单位监理，中国承包商施工。因此完全按照中国标准进行设计及施工，中国标准在本项目得到了广泛的应用。

本工程项目主体结构首次引入了中国常用的大圆筒重力式沉箱结构，最大高度30.05m，直径为18m，底板为八角形，单个大圆筒重量约为4000t。由于当地缺少相关标准规范，该结构完全按照中国规范设计。大圆筒重力式沉箱码头具有耐久性好、承载能力大、造价合理、施工技术成熟、建设周期短等特点。同时，建设过程可将开挖的土方及时用于填筑，减少了水土流失，环保又节能。在工程实施过程中，针对超大、超重、超高的大圆筒重力式沉箱结构，工程人员根据国内施工经验，在境外孤岛环境受限的条件下，应用了一系列中国施工技术，例如大直径沉箱现场分层预制技术、超重沉箱气囊平移落驳技术、超高宽比沉箱海上运输与安装技术、超深大高差基槽开挖技术、超近距离爆破技术、水下不扩散封底混凝土技术等，充分展现了"中国技术"，实现了项目实施的"中国速度"。

7.1.4 中国标准应用的特点和亮点

中缅原油管道码头工程业主为中国石油集团东南亚管道有限公司，由中国港湾工程有限责任公司作为总承包单位，中交第三航务工程局有限公司作为实施单位中标。项目的投资形式为100%中国投资，项目的合同形式为设计建造合同。缅甸当地的国际承包合同，通常采用FIDIC合同条款。本项目合同中规定，项目设计及施工均按照中国规范，工程质量、职业健康和安全、环境要求、过程计量、竣工计算以及对过程验收、竣工验收、保修等方面的要求，均须满足中国规范和缅甸当地法律法规要求。

本项目的码头主体结构采用了大圆筒重力式沉箱结构，最大高度30.05m，直径为18m。这是缅甸首次采用这种结构形式，是中国标准输出海外的典型案例。这种结构形式有着耐久性好、承载能力大、造价合理、施工技术成熟、建设周期短等诸多优点，但是这种结构在施工中也存在沉箱结构复杂、预制和出运工序多、专业性较强、机械设备要求高以及施工组织协调工作量大等许多困难。施工团队依据中国经验，应用了一系列中国施工技术。根据施工条件，沉箱预制、出运、安装采用了三种施工方案进行比较（表7-1）：

方案一：在中国预制场进行沉箱预制，采用40000t半潜驳拖运至现场进行安装；

方案二：在施工现场进行沉箱预制，采用半潜驳进行出运安装；

方案三：在缅甸仰光或皎漂附近地区预制，采用半潜驳拖运至现场安装。

国内预制沉箱虽然质量容易保证，但水运距离长，风险较大，成本不易控制。现场预制沉箱主要问题是材料供应及质量保证，在整个工程中可以选用仰光的砂石料，通过

沉箱预制、出运、安装施工方案的比选 表7-1

比较项目	方案一：国内预制	方案二：现场预制	方案三：仰光预制
安全风险	（1）长航运输，安全风险大，且不确定、不可控因素较多； （2）半潜驳到现场卸驳的安全风险也较大	现场压力大但风险可控	（1）仰光安全管理难度比现场预制更大，且信息沟通不畅； （2）半潜驳长距离运输，安全风险大
工期风险	（1）远洋国际运输，船期不确定因素多，不宜控制； （2）拖运必须成批预制结束，现场工序无法正常流水安排； （3）现场出运时间无法选择	现场预制安装工期易安排紧凑，且可以根据气象情况及时调整安装时间	（1）预制场地及出运码头需建设，沉箱预制开始时间滞后； （2）长距离运输，对安装计划的安排存在不确定因素，且时间较长
预制场地	厦门有预制场，设施完整，具备本项目所需沉箱预制条件	现场预制场已按照本项目要求设计，无需改造即可进行沉箱预制施工	（1）我方在仰光已有场地，但不符合沉箱出运装船条件，其他地方经过长时间的考察也很难有具备条件的岸线，有待进一步调研； （2）即使有符合条件的地方，场地与码头需重新建设
出运条件	沉箱拖运采用40000t半潜驳，现场航道和港池需疏浚	现场满足5000t半潜驳施工要求	（1）出运航道及码头前沿水深不很确定； （2）仰光地区很难有符合这样的地段，且水流较大； （3）其他地方需对自然条件进一步考察
运输状况	国际长途运输，沉箱加固难度大、运输不确定因素较多	现场短距离运输	（1）每个沉箱都需长距离运输，运输不确定因素多； （2）航道水深不确定，自然条件也不确定
安装条件	（1）用大型半潜驳拖运至现场后，由于下潜深度不够，需用大型拖轮和起重船配合施工； （2）沉箱需临时寄存，二次抽水起浮安装，工作量大	出运后可以直接安装	半潜驳将沉箱运至现场可以直接安装
材料保证	国内材料质量、供应量容易保证	砂石料均从仰光采购运输至现场清洗筛选，粉煤灰、磨细矿粉从中国采购，通过控制措施质量也可以达到高标准要求	（1）仰光的砂、石料供应量能满足要求，经清洗筛选质量可以保证； （2）选粉煤灰、磨细矿粉从中国采购，通过控制措施质量也可以达到高标准要求
经济性	远洋运输成本高，下潜临时寄存、二次起浮费用高，船舶闲置6万美元/d	现场预制1.7万m³混凝土材料虽比国内贵，但综合比较在现场制相对费用省	每个沉箱长距离运输时间长、费用较大，且不确定因素很多
质量控制	质量容易保证	选用仰光砂、石料，通过清洗筛选，确保质量达标。粉煤灰、矿粉、外加剂从中国采购，通过严格措施，预制质量同样得到保证	通过严格措施，预制质量同样得到保证

清洗筛选，确保质量达标。粉煤灰、矿粉、外加剂从中国采购，通过严格措施，预制质量同样可以得到保证，同时现场具有预制工期可控、现有设施可以全部利用的优点。在仰光或皎漂附近地区预制，仰光砂石料材料可以得到保证，但预制场地及出运码头位置不确定且需重新建造，长距离运输沉箱费用较高且风险也较大，工期难以把握。经过比选，在现场预制是优选方案，如图7-2所示。

超大的重量细长圆沉箱增加了出运的难度，考虑沉箱重量大、平移落驳距离长，为了保障安全以及防止沉箱走偏，现场配置4台卷扬机，两台作牵引，两台作制动。运行中，溜尾钢丝绳跟进，既不与牵引钢丝绳抗衡，又能限制沉箱前倾。当出现轴线偏位情况时，可以通过调整气囊摆放位置以及4台卷扬机的启动时差进行纠偏。这些都充分展现了"中国技术"，如图7-3所示。

图7-2　大圆筒重力式沉箱预制图

图7-3　大圆筒重力式沉箱出运图

对于大高宽比沉箱的安装，由于其重心高度非常高，安装时对半潜驳性能和稳性要求极高。现场施工前，半潜驳在中国国内进行了两次下潜海试，根据计算和试验结果，出发前改造了压载舱的透气孔，消减了加压载水时的自由液面，并在船尾塔楼外侧两边各增加一个长度12m、宽度1.2m、高度4.5m的浮箱，相当于增加了12500吨米的惯性矩，使得稳性高度增加0.45m，确保了施工安全。

在沉箱出驳安装过程中，利用2台GPS和1台全站仪进行定位，确保了沉箱的安装精度（图7-4）。

在试验检测方面，承包商针对中国标准与国外标准做了大量的对标工作。本项目的集料试验检测工作主要为混凝土用骨料、级配碎石基层等单项试验。不同用途的集料存在着不同的试验指标，与国内的相关指标存在着差异。

在级配试验中若采用英国规范，试验用筛和试验方法方面存在通用性，但在筛孔尺寸上存在着差异。英国规范中筛网尺寸较小，筛网数量也少于中国规范的要求。

针对针片状试验，在英国标准和规范中，粗集料的针片状试验指标同样是一项重要

图7-4 大圆筒重力式沉箱安装图

参数，且更注重片状指数的试验检测。英国标准和中国标准中针片状试验的试验规程和计算方法存在通用性，但是采用的规准仪在规格上存在差异，导致了试验区间和试验结果存在差异。

洛杉矶磨耗值试验是集料的一项非常重要的试验项目，磨耗值是集料质量的关键指标之一。我国公路工程集料试验中对洛杉矶磨耗试验的仪器规格要求和试验程序均借鉴美国ASTM试验规范。洛杉矶磨耗值与集料粒径尺寸大小有很大关系，在国际工程中，统一集料粒径很有必要。缅甸相关试验室采用美国ASTM试验规范。

对于大型钢结构构件，缅甸当地有成熟的钢结构加工制作工厂，也不反对从中国整体加工制作后运输至缅甸当地使用。大型钢结构构件在中国加工主要需要解决两个问题：一是钢材标准对标。应用中国本地的钢材材质应不小于原设计美国标准或者英国标准钢材材质等级，包括钢材抗拉、抗剪、抗弯强度、夏比冲击强度、材料截面惯性矩和抗弯模量等。二是钢结构构件的整体认证，须通过第三方认证机构认证。

7.1.5 经验和启示

本项目由中方投资，采用中国标准设计，由中国团队施工，各方沟通通畅，是依托"一带一路"项目推动中国标准"走出去"的成功范例。

缅甸当地工程师大多熟悉英国标准、欧洲标准与美国标准，中国标准大多在中国投资项目中采用。由于缅甸自己的标准体系不完善，其愿意接受世界各国的标准规范，包括中国标准在内。在实际项目实施过程中，若业主或监理为外方企业，中国承包商通常会将中国标准与国际标准对比翻译后向外方监理及业主推荐，以此推动变更及中国标准落地。

境外工程建设通常采用FIDIC等合同条款。专业的合同工程师及优秀的前期合同策划对项目的实施尤为重要。虽然在合同中规定了采用中国标准，但是各个国家都有自己的法规与地方政策，例如环保、人员雇佣、税务政策等。特别是在资源匮乏的国家，海关进出口与关税政策的疏忽可能导致上亿元的成本增加。

由于当地复杂的政治、经济、文化、法律等客观条件制约，中资企业在缅甸的建设活动仍然存在巨大的风险和挑战。需要看到的是，缅甸目前仍然是以英国标准、欧洲标准与美国标准为主导，中国企业需要做更多的工作，推动中国标准继续发展。

7.2 实践案例——新加坡国际港务集团大士自动化码头20台双小车岸桥出口项目

7.2.1 项目概况

（1）项目名称：新加坡国际港务集团（以下简称"PSA"）大士自动化码头20台双小车岸桥出口项目；

（2）项目所在地：新加坡；

（3）项目规模：20台双小车岸桥；

（4）项目起止时间：2019年3月至今；

（5）结构类型：钢结构；

（6）建设方：新加坡国际港务集团大士自动化码头；

（7）设计单位：上海振华重工（集团）股份有限公司（下文简称"ZPMC"）；

（8）监理单位：美国船级社（ABS）；

（9）总承包单位：上海振华重工（集团）股份有限公司。

7.2.2 工程概况

随着我国经济逐渐融入全球，中国制造开始崭露头角，经过多年发展，中国制造业增加值已经位居世界第一。根据世界货运方面的权威媒体英国《世界货运新闻》给出的调查和统计数据显示，仅从2015年6月到2016年6月这一年间，中国港机全球共交付271台岸桥机械。中国港机已把产品卖向全球95个国家和地区，不管是美国、欧盟还是非洲等都有中国港机的产品，而欧美市场占有率更是达到了90%以上。

上海振华重工（集团）股份有限公司作为我国港口机械制造领域的龙头企业，集装箱机械产品已覆盖全球104个国家和地区约300个码头，占有全球70%以上的市场份额。出口的港机设备包括3E级大型化岸桥、新型自动导引车装卸系统、双小车岸桥、标准规格轮胎吊、自动化轨道吊等多达19个港机产品。

作为中国港机出口的龙头企业，上海振华重工（集团）股份有限公司于2019年与PSA集团签订了56台自动化轨道吊和20台双小车岸桥的合同，为大士码头提供服务，如图7-5所示。继上海洋山四期自动化码头之后，大士码头将成为世界最大的自动化码头，该自动化码头项目拥有64个泊位、年货物吞吐量6500万标准箱。其中第一个泊位于2021年已投入使用。PSA集团旗下的大士码头是上海振华重工（集团）股份有限公司2019年签订的最大的合作项目，涉及金额总价达5亿多美元，而20台双小车岸桥项目的合同金额则多达2亿多美元。自1994年进入新加坡市场以来，上海振华重工（集团）股份有限公司已提供300多台港口设备。截至目前，该项目已发运12台岸桥到新加坡项目现场，现已成功交付了6台岸桥并投入运营。

图7-5　PSA集团大士码头规划图

7.2.3 中国标准应用的整体情况

近几年，国内外规划、建设和已投入运营的自动化作业码头越来越多，全自动或半自动化码头已成为码头建设趋势，自动化集装箱港口生产系统主要围绕集装箱的自动化装卸运输等业务，主要生产设备包括岸边桥吊系统、水平运输系统以及堆场自动化设备。然而，目前针对港口码头信息化和控制系统的安全标准体系建设，无论在国家或是行业标准建设层面，依然呈现空白状态，码头建设方、供应商和运营方在面临政策监管和安全风险时，往往找不到相关标准参考。

2021年，上海振华重工（集团）股份有限公司针对海外市场开展了上海工程建设标准国际化促进中心外文版标准《自动化集装箱码头生产网络安全技术要求》编制工作，为自动化集装箱码头行业后续的安全经验模式和标准体系发展奠定基础。

《自动化集装箱码头生产网络安全技术要求》标准不仅在PSA项目中得到了有效验证，也在各国的其他项目中有了实际应用。ZPMC结合新加坡用户的网络安全要求及《新加坡网络安全法》，从项目初期的安全要求评估和响应，及项目的设计、开发、调试和实施等阶段，深度融合《自动化集装箱码头生产网络安全技术要求》标准条款内容，在关键系统中采用网络安全技术，包括物理和环境安全、网络和通信安全、设备和计算安全、应用和数据安全。网络安全系统监管着各个子系统间交互信息安全，充分保障了系统的安全，得到了港口方的高度认可，如图7-6所示。

图7-6 大码头现场双小车岸桥

7.2.4 中国标准应用的特点和亮点

亮点一：技术突破

PSA项目的岸桥整体结构和关键控制系统软件均为振华自主研发，继承了6项关键技术创新，实现了双小车自动化岸桥智能化，高效化地升级换代。比如，岸桥上的安全策略专家系统，在机械硬件、电控系统、控制系统三方面提升了安全等级，控制系统方面增加了网络防黑客系统及多重防撞保护，增强了系统的安全性。6项关键系统具体如下。

1. 用户接口中心（CIU，Center Interface of User）

CIU系统为新加坡项目自动化岸桥系统中的首创子系统，也是上海振华重工（集团）股份有限公司首创的系统，该系统主要用于管理TOS系统、ACCS系统以及部分自动化子系统之间的消息交换，为整个项目核心通信中间层，不同于以往其他项目采用的OPC Server，但功能类似。该系统除了需要对不同系统的多种数据传输方式进行支持外，还能实现对消息的解析、逻辑处理以及消息转换需求。CIU系统总体上来讲是一个自动化岸桥系统中的通信中间层，需要支持不同子系统所使用的通信协议。系统总体上采用面向对象的设计方案，主要集成了现有成熟的DotNetty、M2MQTT、SharpSnmpLib等通信框架，使用微软的.net core 3.1进行开发。

如图7-7所示，CIU与自动化系统中的所有子系统均有交互，实现了大规模的岸桥系统的全流程数据采集及处理，并分发到数据中心，供CMS系统进行展示及人工处理。CIU是自动化岸桥所有系统之间交互的中转中心。

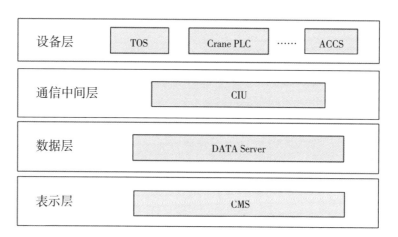

图7-7　通信层次图

2. 智能运营中心（IOC，Intelligent Operation Center）

IOC可监视并管理智慧港口服务。它通过集中化的智能，提供了对港口运营的洞察。IOC包含：POC（港口运营中心）+TOC（码头运营中心）。每个码头可以有自己的TOC，和港口集团的POC共同组成了智慧港口的IOC。

IOC为智慧港口提供了统一视图，可以预测事件并快速应对。它可以为任何港口集团提供洞察、管理和监督功能，解决码头的痛点问题。

IOC提供了协作式工作环境和可以实现"概览"状态的能力，以及：

1）事件管理；

2）事件向事故的升级；

3）对创建和执行标准操作过程（SOP）的支持；

4）评估和实现关键绩效指标（KPI）的能力；

5）适应性和更多功能的轻松添加。

3. 实时状态监测系统（WEBCMS，Web Crane Management System）

在该项目中融入了智能维保诊断系统，且第一次尝试采用Web模式，该系统主要包括实时设备监测、历史数据回放、故障检测和报表统计等功能。故障检测功能是该项目的重点交付功能，通过页面报警功能提示操作人员具体的故障内容，包含故障原因、故障点，大大提高了现场的事故排查效率并缩短修复时间，为港口的运营提供保障。

实时监控既可以监测码头整体作业状况，也可以单独监测一台起重机及起重机的各个部件。不仅能实时监控岸桥、轮胎吊、轨道吊、AGV等设备的状态，也可以实时监测所有配套的子系统，如自动化控制子系统、能耗、润滑等信息。

历史回放能够重现设备过去任意时间段的运行情况，该系统把岸桥的实时状态数据以及历史故障等信息，包括视频、照片、维修记录等整理成库，通过对大数据分析技术，帮助用户进行故障诊断与分类，并给出最佳的解决方案。

视频监控可以通过多角度多画面了解各作业设备工作状态，并支持摄像头和起重机实时数据的同步回放，便于用户全局掌控作业状况。通过强大的人工智能图像分析，在非安全区，一旦视频中出现人的身影，系统基于图像识别或者红外感应等技术会发出警报，通知人员尽快离开，全面保证港口作业安全，提高工作效率。

4. 集装箱识别系统（CPS，Container Positioning System）

集装箱识别系统就像一位理货员，时刻记录着装载与卸载的集装箱箱号。它由摄像头与对应的处理系统组成，使用图像识别技术将集装箱上的箱号图形转换为电脑能够识别的数字与字母，并把这些信息传输给控制系统和堆场管理系统，如图7-8所示。

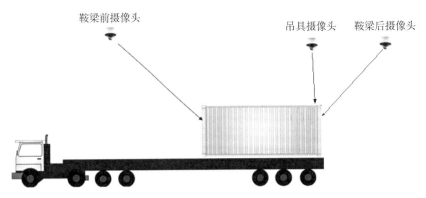

图7-8 集装箱定位图

5. 目标定位系统（TDS，Target Detection System）

TDS利用门架吊具两侧反射板识别门架吊具信息。因激光器扫描贴片时返回能量值高，可以将贴片与其他物体区分开，结合吊具左右两侧的贴片扫描数据，可计算出吊具

（a）吊具左右2侧的贴片

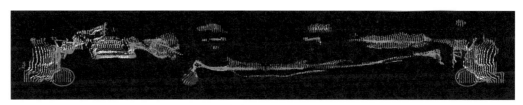

（b）扫描示意图

图7-9　目标定位系统示意图

的多种数据。图7-9中左右两侧白色菱形物体即是吊具的贴片。

当吊具检测系统SDS发生故障时，可通过TDS扫描确认门架吊具在大小车方向偏差及角度是否调整到位，从而确定是否能自动抓放箱。

6. 信息安全体系建设

我方根据《自动化集装箱码头生产网络安全技术要求》标准制定了一套信息安全体系和标准规范体系，运用在该项目中。从港口运维大数据平台、数据应用层等多维角度形成了信息安全体系和标准规范体系为一体的框架体系，并在以上介绍的几类系统中得到应用，将设备安全基线、边界防护、恶意代码和日志审计等安全防护措施铺设到整个项目的网络中，建成了强大的网络安全体系，如图7-10所示。

亮点二：项目交付标准

为保证离岸零欠债交付标准，ZPMC内设8个生产基地，包括长兴岛分公司、南通分公司、启东海洋等多个分公司，占地总面积1万亩，总岸线10km，其中深水岸线5km，承重码头3.7km，是世界上最大的港口机械重型装备制造商之一。公司拥有20余艘6万～10万吨级远洋甲板运输船，可将大型产品跨海越洋整机运往全世界。PSA项目的所有交付产品均是在长兴岛分公司进行整机安装、调试，并于2020年10月，"振华26"轮装载4台岸桥从上海长兴基地码头发运，到了Tuas港口现场后进行了整机安装、调试，用户验收成功后交付到港口手中，保障了项目离岸零欠债交付要求，如图7-11所示。

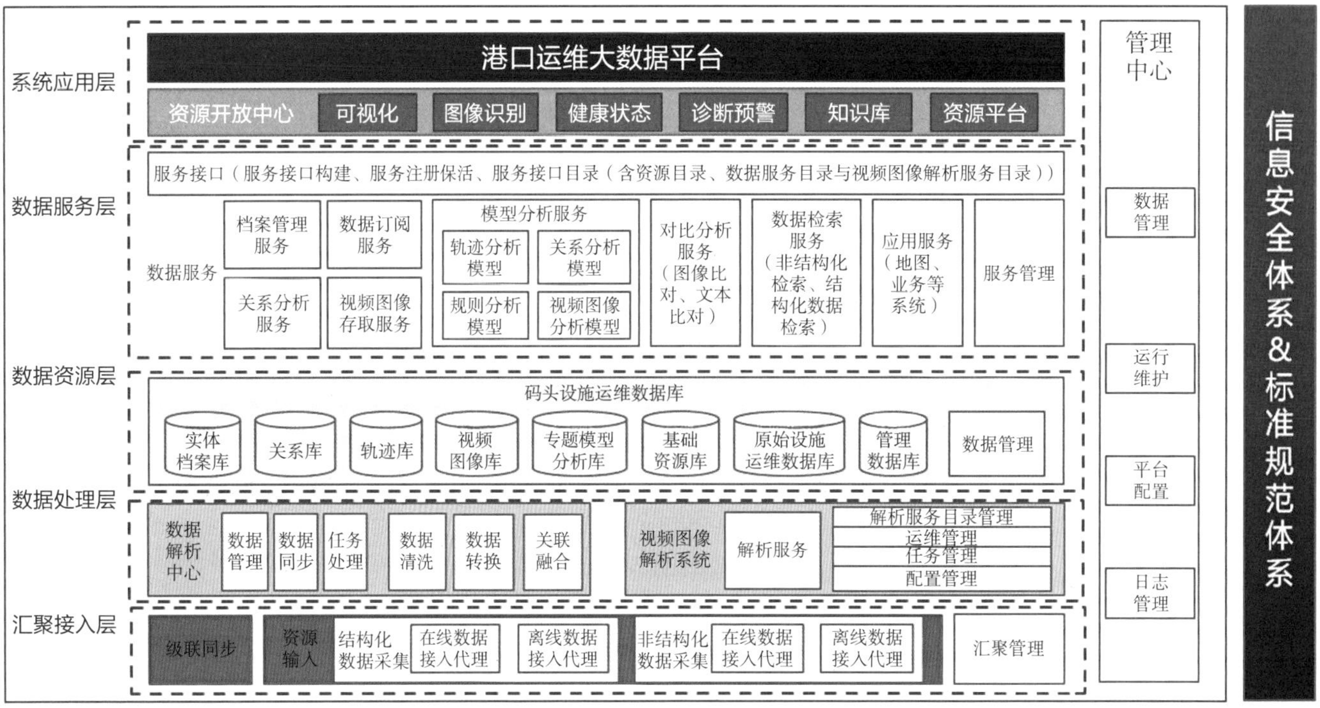

图7-10　信息安全体系和标准规范体系

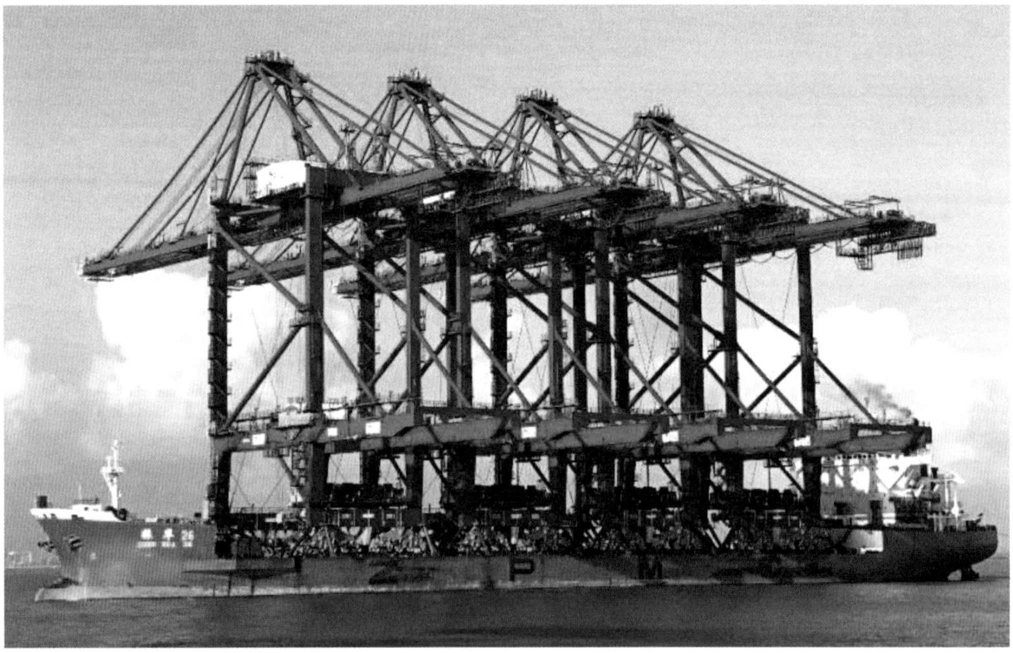

图7-11　“振华26”轮装载4台岸桥

7.2.5 经验和启示

以项目为载体是实现工程建设标准国际化的有效途径，ZPMC在承建国内外多个自动化和半自动化港口的过程中，综合了国际标准及客户对网络安全的要求，结合港口实际情况，制定了自动化集装箱码头生产系统的网络安全规范，并在多个项目中应用。标准国际化可以立足行业、服务企业、国际接轨。通过标准化，不但减少了企业在项目的投入成本，获取了经济效益，也推进了标准的国际化进程。

在PSA20台双小车岸桥项目的标准建设及应用过程中，上海振华重工（集团）股份有限公司建立了一套健全的网络安全体系模式，并在多个海外项目中得到运用及扩展。2020年3月4日，由上海振华重工（集团）股份有限公司自主研制的2台智能跨运车在瑞典位于斯德哥尔摩的和黄诺维克集装箱CTN码头举行交机仪式。该项目于2019年3月正式签订合同，共计8台一过三机型智能跨运车，这是上海振华重工（集团）股份有限公司为了满足全球自动化码头需求重点研发的全新产品（图7-12）。在该项目中的网络安全措施从恶意代码防护、应用安全、漏洞管理、外设管控和系统安全基线五个防护角度进行建设，为《自动化集装箱码头生产网络安全技术要求》标准的实际应用。ZPMC将标准的实际操作运用到马士基意大利Vado gataway码头14台自动化轨道吊项目中，从物理安全、网络安全、访问控制、安全基线、威胁和漏洞管理、恶意代码防护、变更管理、审计、风险管理、资产管理、安全监控、事件管理和安全报告多维角度，遵循标准内容进行建设及运用（图7-13）。通过上述项目的建设，为我国工程建设标准化创造难得的发展机遇，为标准国际化创造良好开端。

图7-12　瑞典和黄诺维克集装箱CTN码头

图7-13　意大利马士基旗下Vado gataway码头

市政水务与工业建筑篇

第8章 市政水务项目

8.1 实践案例——乌兰巴托新建中央污水处理厂项目

8.1.1 基本信息

（1）项目名称：乌兰巴托新建中央污水处理厂项目；

（2）项目所在地：蒙古国乌兰巴托市；

（3）项目所在领域：市政基础设施，环保领域；

（4）项目投资形式：中国政府优惠出口买方信贷建设；

（5）项目起止时间：2019～2024年；

（6）结构类型：常规地上污水处理厂，钢筋混凝土结构（水池）、框架结构；

（7）建设方：蒙古国建设和城市发展部；

（8）咨询单位：法国咨询公司（Artelia Ville & Transport International Activities），上海市政工程设计研究总院（集团）有限公司；

（9）设计单位：上海市政工程设计研究总院（集团）有限公司；

（10）总承包单位：中铁四局集团有限公司和北京建工集团有限公司联合体。

8.1.2 工程概况

蒙古国乌兰巴托新建中央污水处理厂项目是中国"一带一路"建设的重点工程项目，是中蒙两国深厚友谊和精诚合作的象征。

该项目位于乌兰巴托市西南部桑吉诺海尔汗区，设计日处理规模为25万m³/d，是蒙古国目前最大、最现代化的污水处理厂，建成后将惠及蒙古国43.5%的人口。污水处理采用"预处理（粗格栅、细格栅、曝气沉砂）+前处理（初沉池）+AAO生物处理+深度处理（高效沉淀池）"工艺，处理后的出水满足蒙古国污水排放标准"Effluent of treated

图8-1 新建中央污水处理厂鸟瞰图

wastewater to be discharged to environment"（Mongolian Standard MNS 4943：2015）。
污泥处理采用"浓缩+厌氧消化+离心脱水"工艺，污泥消化过程中产生的沼气用于消化
污泥加热和发电，如图8-1所示。

本项目具体建设内容包括：

（1）新建污水进水泵房，规模为25万m^3/d；

（2）新建中央污水处理厂：建设一座规模为25万m^3/d污水处理厂，包括新建污水处
理、污泥处理、厂前区、辅助用房以及总平面等工程内容；

（3）尾水排放管：新建中央污水处理厂出水通过新建的尾水排放管排入图拉河，规
模25万m^3/d。

8.1.3 中国标准应用的特点和亮点

蒙古国在市政污水处理领域技术力量相对薄弱，规范体系不健全，尚未形成成熟且

统一的污水处理工艺技术路线，其国内目前在运行的几座污水处理厂均由苏联、土耳其、荷兰等国家援建或改造。老中央污水处理厂是目前蒙古国规模最大的污水处理厂，由苏联于1964年援建，后期在西班牙和荷兰公司的协助下进行技术改造。在本项目实施以前，蒙古国在污水处理工程中未采用过中国标准。

乌兰巴托新建中央污水处理厂项目由中国资金优惠出口买方信贷建设，总包单位、设计单位、施工单位均为中国企业，总承包方在与蒙方业主的EPC合同中明确了本项目的设计采用中国标准。因此，上海市政工程设计研究总院（集团）有限公司设计团队结合项目实际情况，在项目设计过程中全面系统地采用了中国污水和污泥处理领域的标准、规范、图集等。

亮点一：注重中国标准与当地国情融合，提供系统化污水处理解决方案

在本项目招标过程中，蒙方要求除受蒙古国法律、规范、规则和标准的限制，对于蒙古国标准中并未涉及法规标准，应考虑采用国际公认的标准和欧洲标准规范。此外，本项目采用中国标准实施过程中，需要考虑当地习惯做法及经验，并与蒙方充分沟通、磨合。

标准的输出对设计提出了非常高的要求，设计过程的每个细节，都必须有充足的理论依据，必须从原理上剖析，系统阐述中方设计单位的设计思路和设计意图。例如，在进水泵房单体设计中，蒙方对进水泵房的所有设计环节均提出了质疑和疑问，包括进场管设计、粗格栅前后闸门设置、粗格栅起吊、泵房前池容积、前池水位和提升泵出水管路设计等。对于蒙方提出的每一条意见，中方设计单位从原理上进行解释，把中国规范规定的计算公式、参数取值及相关条文说明详细罗列，系统性阐述设计思路。通过视频研讨会、文件往来、软件模拟等多种手段，反复磨合，反复沟通，最终获得了蒙方对于方案的认可。

当然，在与蒙方的沟通过程中，中国标准规范的应用也根据当地情况进行了灵活调整，以满足项目实际要求及蒙方各部门业主的不同诉求。例如，为应对当地极寒气候的生反池和二沉池低负荷设计，采用厂区管道热力共沟设计等（图8-2）；为满足蒙方供排水管理部门要求，修改中方"高位井+埋地出水总管"的泵房出水形式为"高空架设出水"方案。

污水处理项目是系统工程，在本项目实施过程中全面系统地应用了中国标准规范，包括工艺、结构、建筑、电气、自控、暖通、除臭等全专业，覆盖规划、设计、施工验收、运维等项目实施不同阶段。在污水、污泥处理过程中，同时存在气、声、渣的处理要求，只有水、泥、气、声、渣等的全面达标处理、全流程达标处理才是一个环保的污水处理厂项目。基于《室外排水设计规范》GB 50014-2006（2016年版）、《城镇污水处理厂污泥厌氧消化技术规程》T/CECS 496-2017等中国标准，设计团队给出了系统化的

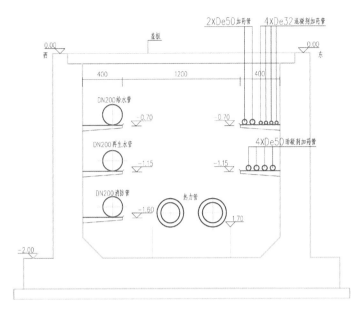

图8-2 热力管共沟方案

污水处理方案，提出了"水、泥、气、固、声、景"六位一体的工艺路线。其中，污水处理采用了国际、国内成熟稳定的"预处理+AAO+深度处理"工艺，确保水质稳定达标。污泥处理采用"厌氧消化+脱水"工艺技术路线，实现污泥减量化、无害化和资源"生物洗涤+化学药剂洗涤"组合式技术路线，确保除臭处理效果。同时，在景观设计上，结合蒙古国当地建筑风格，污水处理构筑物与厂区建筑物的色调协调统一，营造出良好的厂区环境，如图8-3所示。

图8-3 新建中央污水处理厂景观效果图

亮点二：践行绿色低碳理念实践，科技攻关绿色污水处理技术应用

在全球进入绿色低碳的时代背景下，各国都在探索低碳节能污水处理技术路线，实施污水处理能源回收。为响应国家"碳减排"和"碳达峰"战略目标，中国的污水污泥处理技术必须要努力探索绿色低碳建设新模式。中国污水、污泥处理的技术输出更要走绿色低碳建设模式。

针对本项目进水有机质含量高的特点，按照我国《大中型沼气工程技术规范》GB/T 51063-2014和《城镇污水处理厂污泥厌氧消化技术规程》DG/TJ 08-2216-2016等，经过专项论证及与蒙方的沟通交流，对污水处理污泥采用"厌氧消化+沼气热电联产"组合式处理技术路线。污泥消化实现了污泥的减量化、稳定化和无害化处理，产生的沼气用于发电，实现了污泥的资源化利用，如图8-4所示。其中，污泥消化所产沼气部分发电量可达厂区污水、污泥处理总用电量的50%，大大节省了厂区运行电耗。

图8-4　污泥消化及沼气发电系统效果图

2020年，上海市政工程设计研究总院（集团）有限公司项目设计组与总包方中铁四局集团联合开展"高寒地带大型综合污水处理厂建设关键技术研究"。2021年，与瑞典知名环保公司、蒙古国最大的市政工程咨询设计单位——蒙古国市政工程咨询有限公司（Civil Engineering Consulting Co. Ltd.）开展合作，联合申请上海市科委"国际合作"类科研项目，开展"大中型城镇污水处理厂污泥核心处理工艺碳排放研究"，有力推动"一带一路"绿色低碳建设，共建低碳共同体。

亮点三：开展标准规范对比研究，系统化输出中国标准

乌兰巴托新建中央污水处理厂设计全面采用中国标准规范，是中国标准规范"一带一路"输出的典型案例。项目设计组开展了中、蒙两国污水处理厂标准规范体系及核心内容研究。针对蒙古国目前污水、污泥处理规范体系不健全的情况，通过总承包单位协调，与蒙方建设部、给水排水管理局等开展对接，蒙古国建设部拟立项专项课题，研究比较两国污水处理、污泥处理标准规范体系，引进中国方面先进的标准规范，弥补蒙方在污水处理方面规范体系的漏缺，如图8-5、图8-6所示。

图8-5　设计组与蒙方相关部门的对接

图8-6　老中央污水处理厂实地调研

8.1.4 经验和启示

污水、污泥处理要走低能耗、可持续发展、国际化之路。我方通过乌兰巴托新建中央污水处理厂项目，调研学习了欧洲等污水、污泥处理方面的先进做法，其中污泥厌氧消化和沼气利用几乎是所有污水处理厂的标配。这种污水污泥有机质能量回收的做法是值得借鉴的，在全球进入绿色低碳的时代背景下，中国的污水污泥处理技术也要努力探索绿色低碳建设新模式，中国污水污泥处理技术的输出更要走绿色低碳的路径。

坚定文化自信、坚持实事求是、坚持求同存异。中国污水、污泥处理规范标准历经几十年的项目实践，无论在污水处理量还是在污水排放标准方面，中国均已处于世界先进水平，相关污水处理、污泥处理、大气排放标准等均不亚于甚至高于欧洲标准、美国标准。在国外项目操作中，面对各方意见，我们要保持技术自信，坚持技术原则，坚守技术底线。国外项目在具体实施过程中存在程序、理念、法规、规范标准的差异甚至冲突，在坚持技术原则的基础上，更要灵活应用，实事求是，理论和实际充分结合，对中国规范进行合理优化调整，寻找符合当地国情的最优技术方案，实现标准规范的协同融合。

8.2 实践案例——肯尼亚Karimenu Ⅱ大坝供水工程

8.2.1 项目概况

（1）项目名称：肯尼亚Karimenu Ⅱ大坝供水工程；

（2）项目所在地：肯尼亚堪布郡内罗毕市；

（3）项目投资形式：中国进出口银行商业贷款；

（4）项目规模：2654万m^3库容的水库，7万吨自来水厂和65km原水和输水管线；

（5）项目起止时间：2019年5月1日～2022年4月30日；

（6）结构类型：心墙堆石坝，常规地上净水厂，钢筋混凝土结构（水池）、框架结构；

（7）建设方：肯尼亚阿西水务局（Athi Water Works Development Agency）；

（8）咨询单位：肯尼亚咨询公司（Runji Group Consulting）；

（9）设计单位：上海市政工程设计研究总院（集团）有限公司；

（10）总承包单位：中国航空技术国际控股有限公司。

8.2.2 工程概况

内罗毕是肯尼亚的首都和经济中心，同时也是非洲一个非常重要的贸易、商业和金融区域中心。近年来，随着城市规模的不断扩张和人口数量的不断增长，城市供水不足的问题逐步显现。据统计，2010年内罗毕总需水量约58.3万m^3/d，实际供水量约56.9万m^3/d，缺口1.4万m^3/d；预计到2035年，内罗毕总需水量将达到131.5m^3/d，如不建设新的供水设施，缺口将达到74.6万m^3/d。此外，在内罗毕周边的卫星城镇中，大部分卫星城镇还是从供内罗毕市区的供水系统中分水，只有少数采用当地的小水源就地供水，这也从另一方面增大了内罗毕市的供水缺口。

为降低对内罗毕市区的供水依赖，满足卫星城镇的用水需求，有必要为卫星城镇建设独立的供水工程。为此，肯尼亚Athi水务局提出建设本项目，工程规模为7万m^3/d，根据预测可满足卫星城镇Ruiru-Juja地区2024年的用水量需求4.7万m^3/d，同时多余水量2.3万m^3/d还可供内罗毕市区，以缓解现有供水量的不足。

Karimenu Ⅱ大坝供水项目坐落于肯尼亚的中心省，距Nairobi大约75km。本工程为一个系统工程，包括大坝、原水输水管线、水厂、清水管线等，如图8-7、图8-8所示。

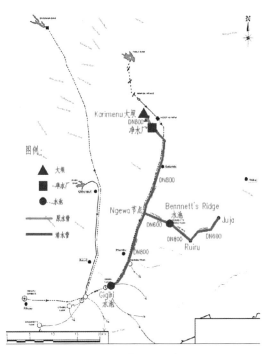

图8-7　系统平面示意图

图8-8　水库枢纽全景鸟瞰图

主要工程内容为：总库容为2654万m³的水库，DN800原水管线3km，DN800的输水管线35.6km，DN600的输水管线22km，7万吨自来水厂。本项目业主与总包方签订合同金额2.36亿美元，项目全景如图8-9所示。

（a）水厂现场施工航拍图

（b）水厂效果图

图8-9　项目全景

8.2.3 中国标准应用的整体情况

肯尼亚没有水利工程设计规范，类似的有2015年发布的《肯尼亚小型水坝和其他节水结构实践手册》（Practice Manual For Small Dams, Pans And Other Water Conservation Structures In Kenya），其国内的大坝均由国外设计、建设，绝大部分采用欧洲标准。肯尼亚Karimenu水库枢纽工程的设计全部采用的是中国规范。大坝按照《碾压式土石坝设计规范》SL 274-2001设计，采用黏土心墙堆石坝，最大坝高59m。大坝的坝基防渗处理、心墙土料的选择、心墙填筑压实度标准，大坝坝壳石料的选择、石料的压实标准均严格按照中国标准执行；隧洞按照《水工隧洞设计规范》SL 279-2016设计，隧洞的支护与衬砌严格按规范执行；大坝的溢洪道按照《溢洪道设计规范》SL 253-2018设计，并经过水工模型试验验证。大坝的溢洪道泄槽、隧洞上游的取水塔等钢筋混凝土结构，采用的是《水工混凝土结构设计规范》SL 191-2008、《水工建筑物抗震设计规范》SL 203-1997进行设计。

净水厂设计采用中国的《室外给水设计标准》GB 50013-2018，核心的水处理单体平流沉淀池、V形滤池采用中国通用的池型。整个原水和供水系统充分利用了高程，因地制宜，采用了国内绿色节能的工程建设理念，全程重力流，节省了运行过程中的能源消耗和维护成本。

8.2.4 中国标准应用的特点和亮点

亮点一：将红黏土用于非洲的中型水库大坝填筑心墙

肯尼亚的高原热带红色残积黏土天然含水率平均高达63%，在经过碾压后，其干密度仅有1.1g/cm³，整体密度低，具有高压缩性，而且液、塑限两者都很高，这种土质在国内是没有的，利用该种土料成功筑坝，是我国土石坝规范在非洲成功应用的范例，为我国土石坝设计规范积累了经验。

水库枢纽工程由主坝、副坝、溢洪道、隧洞组成，如图8-10所示。主坝、副坝均为红黏土心墙堆石坝。主坝坝顶高程1859.0m，最大坝高58.0m，坝长400m，坝顶宽8.0m。副坝坝顶高程1859.0m，最大坝高9.0m，坝顶长210m，坝顶宽8m。作为土坝防渗心墙的红黏土，为肯尼亚当地特有，具有高含水量、高孔隙比、高压缩性的特点，该种土料能否适合填筑大坝的心墙，没有现成的资料可参考。为确保大坝安全，设计人员先后考察了当地的采用红黏土心墙的Sasuma大坝、Thika大坝的运行情况，并将心墙土料运回国内，委托南京水利科学研究院对土料进行试验分析，并委托内罗毕大学等当地三所科研机构对土料进行对比试验，得出其垂直渗透系数平均值为2.51×10⁻⁶cm/s，其自由膨胀率为15%～39%，不具膨胀性。对所配土样进行了压缩试验，得出土料在配样

（a）大坝效果图

（b）施工阶段大坝鸟瞰图

图8-10　大坝全景

压实后作为防渗土料其渗透性均能满足我国土石坝设计规范规定的防渗性能。

亮点二：采用迷宫堰、台阶式消能溢洪道

采用迷宫堰、台阶式消能的溢洪道，由于其流态较为复杂，国内除在小型水库枢纽中有所应用，中型水利工程应用很少。迷宫堰、台阶式消能的溢洪道在本工程的应用，充实了溢洪道设计案例，如图8-11、图8-12所示。该方案不用闸门控制，方便了工程管理，节省了工程投资费用和工程后期运行管理费用。

Karimenu水库枢纽溢洪道控制段，由于当地管理水平落后，设计方案经过了几次修改。肯尼亚Karimenu Ⅱ大坝供水工程溢洪道工程在初步设计阶段为有闸宽顶堰方案，并于2018年4月获得业主批复，并针对该方案进行了水工模型试验。此后，业主认为，当地管理水平跟不上，采用有闸控制运行管理不方便，业主及咨询工程师要求调整为无

（a）现场照片

（b）模型照片

图8-11　迷宫堰溢洪道

图8-12　台阶式泄槽模型照片

闸控制的溢流堰方案，后经过多方案比较，改有闸宽顶堰方案为迷宫堰溢洪道方案，并于2019年9月再次进行水工模型试验，验证迷宫堰溢洪道泄流可靠性，如图8-11所示。中国规范是按照我国的经济、管理水平编制的，将中国规范应用到非洲，需要考虑与当地的经济、管理水平。

8.2.5 经验和启示

由于本项目为中国进出口银行贷款项目，业主未对中国标准产生异议，但要求提供所有相关标准的英文版本。我方标准在执行过程中，偶尔会脱离当地实际情况。例如，按我国标准，本水厂投运后工作人员应为35～40人，我方根据此向业主提出人员安排要求，但实际情况业主无法安排如此之多的人手，可能导致后续调试及运行时的人手短缺。我国关于水厂自动化控制的要求也较为复杂细致，而此处业主几乎没有自动控制的经验，对于国内来说看似灵活可操作性强的自动控制系统反而对于当地业主及水厂操作工人来讲是制约水厂运行的潜在风险。我方在设计中已尽可能减少复杂的自控逻辑，但在某些必要的操作当中仍予以保留。同时在建设过程中，我国标准及法规或是其他国际主流标准一些常规设置可能在非洲项目的实施过程中产生相对的不利影响。国内电缆埋地做法要求每隔一定距离应做检修井以方便后期检修维护，但在非洲，检修井的设置反倒增加了电缆被偷盗的可能性。本项目由于外电问题许久无法通水调试，高压电缆被盗，导致调试之前临时抢修电缆耽误一定工期。

8.3 实践案例——赞比亚卡夫河供水项目

8.3.1 项目概况

（1）项目名称：赞比亚卡夫河供水项目；

（2）项目所在地：整个系统贯穿赞比亚首都卢萨卡及周边奇兰加，卡富埃等区域；

（3）项目投资形式：中国进出口银行商业贷款；

（4）项目起止时间：2016年9月5日～2018年9月4日；

（5）结构类型：常规地上净水厂，钢筋混凝土结构（水池）、框架结构；

（6）建设方：赞比亚地方政府与住房部（The Ministry of Local Government and Housing）；

（7）咨询单位：上海市政工程设计研究总院（集团）有限公司；

（8）设计单位：上海市政工程设计研究总院（集团）有限公司；

（9）总承包单位：中国土木赞比亚有限公司。

8.3.2 工程概况

为应对赞比亚首都卢萨卡区域日益增长的用水需求，增加卢萨卡区域在地表水集中供给能力，赞比亚政府决定在现有9万m^3/d的卡夫河供水设施旁新建处理能力为6万m^3/d的供水系统。新建的卡夫河供水项目，将进一步完善赞比亚首都卢萨卡市城市供水系统，满足其发展战略需要，极大缓解卢萨卡地区居民用水紧张的情况。同时，该项目为卢萨卡地区提供了安全、清洁的饮用水，对抑制霍乱等疫情具有重要作用。

本工程的供水系统方案为：在卡夫河设置取水泵房，原水输送至水厂净化处理后经清水输水管线加压输送至市区斯图尔特公园（Stuart Park）水库，最终通过现状配水管网向市区供水。本工程主要包括五部分内容，分别为取水泵房工程、原水管道工程、净水厂工程、增压泵站工程和清水输水管工程。项目情况如图8-13～图8-15所示。

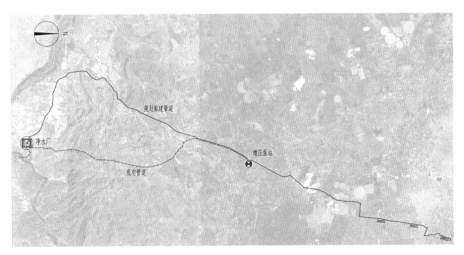

图8-13　系统平面示意图

图8-14　水厂建设现场航拍图

图8-15　水厂竣工后全景鸟瞰图

8.3.3 中国标准应用的整体情况

赞比亚当地没有完善的工程建设标准体系，基本沿用原英殖民地遗留下来的欧洲标准（EN）、英国标准（BS）、德国标准（DIN）等欧美标准和南非标准（SANS）。市政供水工程的设计手册为肯尼亚2005年发布的《肯尼亚供水服务实践手册》（Practice Manual for Water Supply Services in Kenya）、乌干达2013年发布的《供水设计手册》（Water Supply Design Manual）和坦桑尼亚2020年发布的《肯尼亚小型水坝和其他节水结构实践手册》（Design，Construction Supervision，Operation and Maintenance Manual）。由于本项目为我国进出口银行贷款项目，业主未对工程采用中国标准产生异议，但要求提供所有相关标准的英文版本。

8.3.4 中国标准应用的特点和亮点

亮点一：折板絮凝平流沉淀池

净水厂采用了在中国广泛应用的平流沉淀池工艺，如图8-16所示。平流沉淀池在全世界范围内均有应用，但不同标准体系下池型及细节构造并不相同。根据赞比亚业主经验并参考肯尼亚2005年发布的《肯尼亚供水服务实践手册》（Practice Manual for Water Supply Services in Kenya），其对于平流沉淀池液面负荷的限值为$1.0 \mathrm{m}^3/(\mathrm{m}^2 \cdot \mathrm{h})$，沉淀时间为120min以上。但其手册所述平流沉淀池为底部设置储泥斗，依靠重力沉淀的老旧池型；根据我国现行国家标准《室外给水设计标准》GB 50013—2018，我国常用的为包含机械排泥设备的平流沉淀池可将沉淀时间缩短至90min，且对液面负荷无直接要求。采用我国平流沉淀池池型，将显著提高沉淀效率，减少土建工程量，节约了单体占地面积（图8-17）。

图8-16　正常运行中的平流沉淀池

图8-17　调试中的虹吸式机械刮泥机

亮点二：采用V形滤池工艺

根据我国《室外给水设计标准》GB 50013-2018中收录的V形滤池作为过滤工艺采用池型。与当地普遍应用的普通快滤池池型相比，V形滤池具有滤速快，反冲洗周期长，气水反冲洗效果好的特点。在节省了占地面积的同时，引入了反冲洗的自动控制系统，转变了当地原本手动操作滤池反冲洗过程的运维理念，如图8-18、图8-19所示。

图8-18　赞比亚卡夫河水厂运行中的V形滤池

图8-19 自动控制中的V形滤池反冲洗

8.3.5 经验和启示

在项目建设的全生命周期当中，与当地业主及主管部门的沟通交流是十分重要的。本项目当中，业主对于技术的理解较为落后，如何引导业主，让业主意识到，在依赖当地传统设计习惯、保持现状供水基础设施运维习惯以外，本工程还可以通过借助中国设计标准以优化简化原本的制水送水流程，通过引入现代化数字化设备以提升当地供水行业技术水平。因此，在没有明确规定使用国外规范的前提下，业主才能够更加主动地去接受及选择中国标准及规范，而非限于资金所迫而被动接受。

第9章 工业建筑项目

实践案例——马来西亚巴林基安2×300MW燃煤电站

1. 项目概况

（1）项目名称：马来西亚巴林基安2×300MW燃煤电站；

（2）项目所在地：马来西亚沙捞越州；

（3）项目起止时间：2015年6月～2019年6月；

（4）建设方：沙捞越州能源集团；

（5）咨询单位：美国柏诚集团；

（6）设计单位：国核电力设计研究院；

（7）监理单位：美国柏诚集团；

（8）总承包单位：上海电气集团（土建施工单位为中建三局集团有限公司）。

2. 工程概况

马来西亚巴林基安2×300MW燃煤电站工程是马来西亚最大的循环流化床锅炉燃煤电站、马来西亚东部地区最大的火电工程和标杆工程，为沙捞越州重点新建能源项目之一，如图9-1所示。项目于2015年6月开工，2019年6月投入使用，建成投产后大大地缓解沙捞越州的电力供应紧张状况。该工程建设单位为沙捞越州能源集团，设计单位为国核电力设计研究院，土建施工单位为中建三局集团有限公司，合同造价约7.5亿元人民币，土建结构主要为钢结构与钢筋混凝土结构。

项目位于马来西亚沙捞越州中部，距马来西亚首都吉隆坡750km，距沙捞越州首府古晋市286km，距民都鲁海港90km，距沐胶市60km。厂址位于沙捞越州穆卡镇东北约60km处，坐落在BUROI煤矿并靠近巴林基安河处，可利用场地约680hm²，呈"L"形，东西向长约14.5km，南北向长约16.5km。厂区格局为：电厂固定端朝北，向南扩建，A列朝西，向西出线。循环水系统采用带自然通风冷却塔的再循环供水系统；主厂房采用

图9-1 项目全景

前煤仓布置方式,输煤栈桥从电厂固定端进入煤仓间。厂区采用"三列式"布置,由东向西依次为:275kV屋外配电装置区—主厂房区—煤场区。生产附属设施布置在主厂房与煤场之间,如图9-2所示。

本项目建设过程中确保了工程的质量、安全与进度,获得了由马来西亚政府颁发的1300万安全工时无事故证书,体现了中国基建施工管理水平,提高了中国"一带一路"的国际影响力,打造了一颗"一带一路"上的电力明珠。从开工到投入运营历时4年,目前项目已成为沙捞越州主力发电站,极大地缓解了当地电力短缺的局面,对促进当地经济、民生、就业发展,具有重大意义(图9-3)。

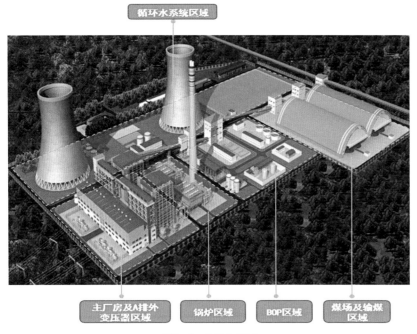

图9-2　厂区布局图

（a）电厂建设全景

（b）冷却塔人字柱施工

图9-3　项目施工现场

3. 中国标准应用的整体情况

由于马来西亚当地建筑业标准体系不完善，中国在燃煤发电站工程的设计、施工技术已较为成熟，且中国标准高于马来西亚标准，通过材料和设备的检测证书、合格证等资料作为衡量品质的保证条件，使得业主对中国标准较为认可。

国核电力设计研究院作为该项目设计方，所采用的设计规范基本为国内规范（图纸中注明可采用中国标准），所采用的主要设备均为中国制造，并在验收过程中，除消防等一些当地有要求的验收项外，其他均可参照中国规范执行。

在项目实施过程中，除安全方面需要马来西亚职业安全与健康部（制造或进口在马来西亚使用的所有承压设备均要由授权的马来西亚职业安全与健康部作为"检验机构"来对设计、制造、检验过程进行认证）和马来西亚国家环境部等认证（如脚手架需要第三方认证挂牌，特殊工种要经过当地DOSH培训认可并取证），钢筋等原材需满足英国相关标准（BS4449：1997）要求，以及一些施工工艺需要论证报第三方审批外，土建施工和验收（除消防）基本按照中国标准执行，如《建筑结构荷载规范》GB 50009-2012、《钢结构设计标准》GB 50017-2017、《混凝土结构设计规范》GB 50010-2010、《烟囱设计规范》GB/T 50051-2013、《大中型火力发电厂设计规范》GB 50660-2011、《建筑设计防火规范》GB 50016-2014、《钢结构焊接规范》GB 50661-2011、《钢结构防火涂料》GB 14907-2018、《钢结构工程施工质量验收规范》GB 50205-2001、《电力工程施工测量技术规范》DL/T 5445等中国标准。

电气安装需遵守当地马来西亚准则以及标准，当国际标准与当地标准存在差异时，则采用两者中更加严格的标准。消防主要采用美国标准和马来西亚当地消防规范和消防指南。

为保证中国标准顺利落地，项目开工前，项目部花费大量时间与精力针对当地标准规范的要求、施工过程中的当地管理要求等做了详细调研，在应对马来西亚职业安全与健康部、马来西亚国家环境部、第三方消防取证上，均做到了一定的提前量，保证了冷却塔、烟囱等超高构筑物施工DOSE取证等各个关键环节不影响工期，从而确保了整个项目的顺利履约。

4. 经验和启示

马来西亚当地建材市场不完善，根据国内标准，很多材料无法购买，因材料采购问题造成了一些施工上的困难。国内某些施工工艺在当地不是很认可，尤其是类似的工艺发生过重大安全质量事故时，需要重新评定（如滑模、翻模）。项目实施过程中，应充分了解马来西亚法律法规，避免发生因不符合法律法规，造成对项目实施产生不利影响。此外，还应充分了解当地现行的建筑规范，以及业主规定可以采纳的标准，提前整理建设过程中用到的国外标准与中国标准的差异，避免施工过程中重复翻阅国外标准。考虑当地的人文环境因素，与当地的居民建立良好的关系，尤其是部落的酋长，在很大程度上可以确保施工顺利进行。充分了解本地设备资源、材料资源情况，以及劳动力资源情况，如劳动力工效、年龄结构、生活习惯等，以更好地进行资源组织计划。

[1]   金哲平. 中国水电人在尼罗河上的创举——记承建苏丹麦洛维大坝工程的CCMD联营体[J]. 中国三峡，2012（05）：32-35.

[2]   孙怡. 中国成达工程公司印尼巨港电站BOOT工程承包方式及其风险分析[D]. 西南财经大学，2008.

[3]   光辉七十载灿烂新篇章——新中国成立70周年上海经济社会发展成就[J]. 统计科学与实践，2019（09）：7-11.

[4]   上海市统计局. 2003年上海市国民经济和社会发展统计公报[EB/OL].（2004-01-31）. http://tjj.sh.gov.cn/tjgb/20040119/0014-95439.html.

[5]   上海市统计局. 1-10月上海对外承包工程、劳力合作与设计咨询发展简况[EB/OL].（2002-12-27）. http://tjj.sh.gov.cn/tjfx/20021227/0014-96016.html.

[6]   上海市统计局. 2004年上海市国民经济和社会发展统计公报[EB/OL].（2005-01-24）. http://tjj.sh.gov.cn/tjgb/20050124/0014-95583.html.

[7]   《上海商务年鉴》编纂委员会编. 上海商务年鉴2015[M]. 上海：上海锦绣文章出版社，2015.

[8]   上海市商务委员会. 上海商务年鉴2016[M]. 上海：上海锦绣文章出版社，2016.

[9]   上海市商务委员会. 上海商务年鉴2017[M]. 上海：东华大学出版社，2017.

[10]   上海市商务委员会. 上海商务年鉴2019[M]. 上海：东华大学出版社，2019.

[11]   上海市统计局，国家统计局上海调查总队. 2020年上海市国民经济和社会发展统计公报[J]. 统计科学与实践，2021（03）：12-23.

[12]   崔杰. 中国对外承包工程：稳步提升、挑战不断[J]. 国际经济合作，2021（05）：64-71.

[13]   住房和城乡建设部标准定额研究所. 中国工程建设标准化发展研究报告2021[M]. 北京：中国建筑工业出版社，2022.